Korean Cooking

NCS 자격검정을 위한
한식조리

음청류

한혜영·김경은·김귀순·김옥란·박영미
송경숙·이정기·정외숙·정주희·조태옥

국가직무능력표준(NCS : National Competency Standards)은 산업현장의 직무를 성공적으로 수행하기 위해 필요한 능력을 국가적 차원에서 표준화시킨 것이다. 이는 교육훈련기관의 교육훈련 과정, 교재 개발 등에 활용되어 산업 수요 맞춤형 인력 양성에 기여함은 물론 근로자를 대상으로 채용, 배치, 승진 등의 체크리스트와 자가진단도구로 활용할 수 있다.

백산출판사

머리말

과학기술의 발달은 사회 변동을 촉진하고 그 결과 사회는 점점 빠르게 변화되고 있다. 사회가 발달하고 경제상황이 좋아짐에 따라 식생활문화는 더욱 풍요로워졌고, 음식문화에 대한 인식변화를 가져오게 되었다.

음식은 단순한 영양섭취 목적보다는 건강을 지키고, 오감을 만족시켜 행복지수를 높이며, 음식커뮤니케이션의 기능과 함께 오락기능을 더하고 있는 실정이다.

이에 전문 조리사는 다양한 직업으로 분업화·세분화되어 활동하게 되는데, 그 인기도는 조리 전문 방송 프로그램이 많아진 것을 보면 쉽게 알 수 있다.

현재 우리나라는 국가직무능력표준(NCS: National Competency Standards)을 개발하여 산업현장에서 직무를 수행하기 위해 요구되는 지식, 기술, 소양 등의 내용을 국가가 산업부문별·수준별로 체계화하고, 산업현장의 직무를 성공적으로 수행하기 위해 필요한 능력(지식, 기술, 태도)을 국가적 차원에서 표준화하고 있다. 이 책은 조리의 기초적인 부분부터 조리사가 알아야 하는 전반적인 내용을 총 14권에 담고 있어 산업현장에 적합한 인적자원 양성에 도움이 되는 전문서가 될 것으로 생각하며, 조리능력 향상에 길잡이가 될 것으로 믿는다.

조리학문 발전을 위해 노력하신 많은 선배님들께 감사드리며, 제자 권승아, 배아름, 최호정, 김은빈, 송화용, 권민지, 이수진 그리고 나의 사랑하는 딸 이가은에게 감사한 마음을 전한다. 또한 늘 배려를 아끼지 않으시는 백산출판사 사장님 이하 직원분들께 머리 숙여 깊은 감사를 드린다.

조리인이여~

넓은 세상을 보고 많은 꿈을 꾸며, 희망을 가지고 남다른 노력을 하라. 그러면 소망과 꿈은 이루어지리라.

대표저자 한혜영

차례

NCS-학습모듈의 위치   10

✽ 음청류조리 이론

음청류   19

✽ 음청류조리 실기

수정과   28
식혜   32
원소병   36
보리수단   40
떡수단   44
율무미수   48
송화밀수   52
녹두나화   56
책면   60
오미자화채   64
산사화채   68
딸기화채   72
밀감화채   76
수박화채   80
안동식혜   84
녹차   88
현미차   92
국화차   96
모과차   100

오과차 104

대추생강차 108

인삼차 112

포도차 116

계지차 120

여지장 124

제호탕 128

봉수탕 132

오미갈수 136

율추숙수 140

❀ 조리기능사 실기 품목

배숙 144

음청류조리

NCS-학습모듈의 위치

대분류	음식서비스
중분류	식음료조리 · 서비스
소분류	음식조리

세분류		
한식조리	**능력단위**	**학습모듈명**
양식조리	한식 조리실무	한식 조리실무
중식조리	한식 밥 · 죽조리	한식 밥 · 죽조리
일식 · 복어조리	한식 면류조리	한식 면류조리
	한식 국 · 탕조리	한식 국 · 탕조리
	한식 찌개 · 전골조리	한식 찌개 · 전골조리
	한식 찜 · 선조리	한식 찜 · 선조리
	한식 조림 · 초 · 볶음조리	한식 조림 · 초 · 볶음조리
	한식 전 · 적 · 튀김조리	한식 전 · 적 · 튀김조리
	한식 구이조리	한식 구이조리
	한식 생채 · 숙채 · 회조리	한식 생채 · 숙채 · 회조리
	김치조리	김치조리
	음청류조리	**음청류조리**
	한과조리	한과조리
	장아찌조리	장아찌조리

- **분류번호** : 1301010112_14v2

- **능력단위 명칭** : 음청류조리

- **능력단위 정의** : 음청류조리란 후식 또는 기호성 식품으로서 향약재, 과일, 열매, 꽃, 잎, 곡물 등으로 화채, 식혜, 수정과, 숙수, 수단, 갈수 등을 조리할 수 있는 능력이다.

능력단위요소	수행준거
1301010112_14v2.1 음청류 재료 준비하기	1.1 조리에 사용하는 재료를 필요량에 맞게 계량할 수 있다. 1.2 음청류의 종류에 맞추어 재료를 준비할 수 있다. 1.3 재료에 따라 요구되는 전처리를 수행할 수 있다.
	【지 식】 • 음청류의 종류와 특성 • 재료배합의 특성 • 재료 선별법 • 재료의 용도별 전처리 • 조리도구의 종류와 용도 【기 술】 • 재료 특성에 따른 정확한 계량 능력 • 재료의 선별능력 • 재료의 전처리능력 【태 도】 • 관찰태도 • 바른 작업태도 • 반복 훈련태도 • 안전사항 준수태도 • 위생관리태도
1301010112_14v2.2 음청류 조리하기	2.1 음청류의 주재료와 부재료를 배합할 수 있다. 2.2 음청류 종류에 따라 끓이거나 우려낼 수 있다. 2.3 음청류에 띄울 과일, 꽃, 보리, 떡수단, 원소병 재료 등을 조리법대로 준비할 수 있다. 2.4 끓이거나 우려낸 국물에 당도를 맞출 수 있다. 2.5 음청류의 종류에 따라 냉, 온으로 보관할 수 있다.
	【지 식】 • 발배합비율과 혼합방법 • 음청류 조리방법

1301010112_14v2.2 음청류 조리하기	• 음청류의 종류 • 재료 배합 비율 • 재료에 따라 끓이는 시간 • 재료의 특성 【기 술】 • 배당도 조절 능력 • 모양을 내거나 고명사용 능력 • 음청류 냉, 온 보관 능력 • 음청류의 종류에 따라 색을 내는 기술 • 재료 끓이거나 우려내는 기술 • 재료 첨가와 배합 능력 【태 도】 • 관찰태도 • 바른 작업태도 • 반복훈련태도 • 안전사항 준수태도 • 위생관리태도
1301010112_14v2.3 음청류 담아 완성하기	3.1 음청류의 그릇을 선택할 수 있다. 3.2 그릇에 준비한 재료와 국물을 비율에 맞게 담을 수 있다. 3.3 음청류에 따라 고명을 사용할 수 있다. 【지 식】 • 고명의 종류 • 음청류의 그릇 선택 • 찬 음료와 온 음료의 구분 【기 술】 • 고명을 얹어내는 능력 • 그릇의 조화를 고려하여 담는 능력 • 음청류 냉, 온 보관 능력 【태 도】 • 관찰태도 • 바른 작업태도 • 반복훈련태도 • 안전사항 준수태도 • 위생관리태도

⊙ 적용범위 및 작업상황

■ ● 고려사항

● 음청류 조리 능력단위에는 다음 범위가 포함된다.

　– 음청류 : 배숙, 수정과, 식혜, 오미자화채, 배화채, 유자화채, 진달래화채, 딸기화채, 원소병, 보리수단, 떡수단, 포도갈수, 제호탕, 봉수탕, 오과차 등

● 음청류의 전처리란 다듬고 흐르는 물에 깨끗하게 씻는 과정을 말한다.

● 차 : 찻잎, 열매, 과육, 곡류 등을 말려 두었다가 물에 끓여 마시거나 뜨거운 물에 우려 마시는 감로차, 결명자차, 생강차, 계지차, 구기자차, 대추차, 두충차, 모과차, 유자차, 인삼차, 꿀차 등이 있다.

● 탕 : 향약재를 달여 만들거나, 향약재나 견과류 등의 재료를 곱게 다지거나 갈아 꿀에 재워두었다가 물에 타서 마시는 것으로 오매 · 사인 · 백단향 · 초과 등을 곱게 가루내어 꿀에 버무려 끓여 두었다가 냉수에 타서 마시는 제호탕, 잣과 호두를 곱게 다져 필요할 때 끓는 물에 타서 마시는 봉수탕 등과 생맥산 쌍화탕, 회향탕, 자소탕 등이 있다.

● 화채 : 오미자즙, 꿀물 등에 과일이나 꽃잎 등을 띄운 것으로 진달래화채, 배화채, 유자화채, 앵두화채, 귤화채, 장미화채, 딸기화채, 복숭아화채, 수박화채, 배숙 등이 있다.

● 식혜 : 밥알을 엿기름에 삭혀서 만들며 감주, 식혜, 안동식혜, 연엽식혜 등이 있다.

● 수정과 : 생강과 계피, 설탕을 넣어 끓인 물에 곶감을 담가 먹는 수정과와 가련수정과, 잡과수정과 등이 있다.

● 수단 : 가래떡을 가늘고 짧게 잘라 꿀물에 띄운 떡수단, 햇보리를 삶아 오미자 꿀물에 띄운 보리수단, 찹쌀가루에 여러 가지 색을 들여 익반죽하여 소를 넣고 동그랗게 빚어 삶아서 꿀물에 띄운 원소병 등이 있다.

● 갈수 : 과일즙을 농축하여 한약재 가루를 섞거나 한약재와 곡물, 누룩 등을 달여 만든 것으로 오미자즙에 녹두즙과 꿀을 넣고 달여서 차게 먹는 오미갈수 외에 모과갈수, 임금갈수, 어방갈수, 포도갈수 등이 있다.

● 숙수 : 꽃이나 열매 등을 끓인 물에 담가 우려낸 음료로 밤속껍질을 곱게 갈거나 물에 넣어 끓인 후 체에 걸러 마시는 율추숙수, 자소잎을 살짝 볶아 물에 달여 마시는 자소

숙수와 향화숙수, 정향숙수 등이 있다.

자료 및 관련 서류

- 한식조리 전문서적
- 조리도구 관련서적
- 조리원리 전문서적, 관련 자료
- 식품영양 관련서적
- 식품재료 관련전문서적
- 식품가공 관련서적
- 식품재료의 원가, 구매, 저장관련서적
- 식품위생법규 전문서적
- 안전관리수칙서적
- 원산지 확인서
- 매뉴얼에 의한 조리과정, 조리결과 체크리스트
- 조리도구 관리 체크리스트
- 식자재 구매 명세서

장비 및 도구

- 조리용 칼, 도마, 냄비, 계량컵, 계량스푼, 계량저울, 조리용 젓가락, 온도계, 당도계, 체, 타이머 등
- 조리용 불 또는 가열도구
- 위생복, 앞치마, 위생모자, 위생행주, 분리수거용 봉투 등

● 과일류, 견과류, 찹쌀가루, 엿기름가루, 쌀 등

● 생강, 계피, 잣, 설탕, 꿀 등

⊙ 평가지침

● 평가방법

● 평가자는 능력단위 음청류조리의 수행준거에 제시되어 있는 내용을 평가하기 위해 이론과 실기를 나누어 평가하거나 종합적인 결과물의 평가 등 다양한 평가 방법을 사용할 수 있다.

● 피평가자의 과정평가 및 결과평가방법

평가방법　　　　　평가방법	평가유형	
	과정평가	결과평가
A. 포트폴리오		✓
B. 문제해결 시나리오		
C. 서술형 시험		✓
D. 논술형 시험		
E. 사례연구		
F. 평가자 질문	✓	✓
G. 평가자 체크리스트	✓	✓
H. 피평가자 체크리스트		
I. 일지/저널		
J. 역할연기		
K. 구두발표		
L. 작업장평가	✓	✓
M. 기타		

● 수행준거에 제시되어 있는 내용을 성공적으로 수행할 수 있는지를 평가해야 한다.

● 평가자는 다음 사항을 평가해야 한다.

- 위생적인 조리과정
- 종류에 따른 재료 준비하기
- 재료배합 능력
- 음청류조리의 순서
- 음청류조리능력
- 음청류조리 완성도
- 보관능력

⊙ 직업기초능력

순번	직업기초능력	
	주요 영역	하위영역
1	의사소통능력	문서이해능력, 문서작성능력, 경청능력, 의사표현능력, 기초외국어능력
2	문제해결능력	문제처리능력, 사고력
3	정보능력	컴퓨터 활용능력, 정보처리능력
4	기술능력	기술이해능력, 기술선택능력, 기술적용능력
5	자기개발능력	자아인식능력, 자기관리능력, 경력개발능력
6	직업윤리	근로윤리, 공동체윤리

⊙ 개발 이력

구분		내용
직무명칭		한식조리
분류번호		1301010112_14v2
개발연도	현재	2014
	최초(1차)	2006
버전번호		v2
개발자	현재	(사)한국조리기능장협회
	최초(1차)	한국산업인력공단
향후 보완 연도(예정)		2019

음청류조리

음청류

음청류는 술 이외의 모든 기호성 음료를 말한다. 우리나라는 예부터 산이 많아 깊은 계곡의 맑은 물과 샘물이 양질의 감천수(甘泉水)였으므로 이런 물을 약수라 하여 좋은 음료로 사용할 수 있었다. 자연수와 함께 여러 가지 향약재, 식용열매, 꽃과 잎, 과일 등을 달이거나 꿀에 재우는 등 여러 방법을 이용하여 병을 예방할 수도 있고 추위에는 어한(禦寒)이 되고 여름에는 더위를 이기는 데 좋은 여러 가지 음청류가 발달하였다.

1. 역사

▶삼국시대의 음청류

우리나라 고대의 식생활에서도 차나무 잎으로 만든 차 외에 여러 가지 음청류가 있었을 것으로 생각되지만 문헌상으로는 미시·감주(식혜, 食醯)·박하차·밀수(蜜水)·난액(蘭液- 좋은 음료) 등을 확인할 수 있을 뿐이다.

《삼국유사》〈가락국기(駕洛國記)〉에 범민왕 19년 신라가 가야를 합병한 후 대가야의 수로왕 17대손에게 선조의 제를 지내도록 하였는데, 그때의 제물이 술·감주·떡·쌀밥·차·과로 되어 있는 것으로 보아 누룩으로 빚어 만든 술 이외에 엿기름으로 삭혀 만든 감주도 있었음을 알 수 있다.

이와 같이 우리는 벼농사국으로서 고대로부터 쌀로 가공한 미시, 감주와 같은 음료를 개발하여 오늘날까지 이어 오고 있다. 우리는 삼국시대에 이미 양봉을 했던 것이며 양봉의 상한시기는 미상이나 삼국 이전으로 잡아도 좋을 듯하다. 그뿐만 아니라 《삼국사기(三國史記)》에는 "683년 신라의 신문왕이 왕비를 맞이할 때 폐백품목으로 꿀이 쌀·술·장·시·포·혜와 함께 들어 있었다"고 하였다.

즉 꿀이 쌀이나 술·장류와 함께 상용 필수 품목이었음을 알게 한다. 이와 같이 꿀이 일찍부터 이용되고 있었으므로 밀수(蜜水)를 음청류로 이용했으며 오늘날까지 이어 온다.

《본초도경》에서 신라는 박하를 재배하여 그 줄기와 잎을 말렸다가 차로 달여 마신다는 박하차에 대한 기록이 있다.

▶ 고려시대의 음청류

차와 밀수는 오늘날에도 보편화되어 있으므로 고려 전대(前代)로부터 이어졌을 것으로 본다. 고려는 우리나라의 식생활사에서 찻잎으로 만든 차가 가장 성행하던 시대이므로 그 외의 음청류가 크게 성행하지는 않았다고 볼 수 있다. 문헌으로 새롭게 확인할 수 있는 것은 《고려도경(高麗圖經)》에 기록된 백미장(白米漿)과 숙수(熟水 : 향약을 달인 차) 그리고 숭늉(《고려도경》에서는 숙수로 소개하였음)이다.

일반적으로 가장 많이 음용되었던 것은 숭늉이었을 것이다. 삼국시대부터 온돌이 발달되고 부뚜막에 가마솥을 걸고 밥을 지으면서 솥 밑바닥에 눌어붙은 밥알인 누룽지에 물을 붓고 끓여 만든 구수한 숭늉이 서민의 유일한 음료였기 때문이다.

▶ 조선시대의 음청류

조선시대에 이르면 고려에서 성행했던 찻잎으로 만든 차가 쇠퇴하는 한편 향약재를 이용한 여러 가지 음청류가 발달하였으며 고대로부터 전래된 미시·밀수·식혜 등이 더욱 널리 보편화되었다. 찻잎으로 만든 차가 쇠퇴한 배경은 우리 풍토가 차나무를 널리 재배하기에 적합하지 않았기 때문으로 여겨진다. 한편 고려 말부터 향약의 연구가 활발하여 《향약제생집성방(鄕藥濟生集成方)》, 《향약구급방(鄕藥救急方)》, 《향약집성방(鄕藥集成方)》 등의 향약서가 간행되었다. 이어서 《동의보감(東醫寶鑑)》이 간행되었으며 이러한 의약서의 내용이 음식을 다루는 데도 널리 활용되어 가정요리서에까지 많이 인용되었다. 이러한 배경에서 여러 가지 향약을 이용한 음청류가 양생음료(養生飮

料)로 발달하여 보급될 수 있었다.

《증보산림경제(增補山林經濟)》, 《임원십육지(林園十六志)》 등에 수록된 음청류를 재료 다루기로 분류하면 향약을 달여서 즙액으로 마시는 것, 재료를 가루로 하는 등의 전처리를 하여 꿀에 재웠다가 백비탕이나 꿀물에 타서 마시는 것 등으로 크게 분류할 수 있다. 조선시대는 우리의 전통음식이 정착되어 가는 시기이므로 주식, 찬물류, 장과 초와 같은 부식 이외에도 병과류와 전통음료 같은 기호품의 조리 가공기술이 크게 발전된 시기라고 볼 수 있다.

2. 종류

▶ 대용차

차나무의 잎이 아닌 다른 재료를 써서 음료를 만들었을 경우에는 대용차라 부른다. 《임원십육지》에 "사람에게 유익한 재료를 끓여서 마시는 것으로 구기자차, 국화차, 모과차, 오과차, 귤강차 등 이들 모두가 차의 이름을 지니고 있지만 실제로는 탕에 속하는 것이다"라고 기록되어 있다.

대용차의 종류로는 약재를 이용한 강죽차, 당귀차, 산사차, 오매차, 자소차, 형개차, 계지차, 두충차, 대추차, 소엽차, 생강차, 오과차, 오미자차, 인삼차, 칡차 등이 있다. 잎을 이용한 차는 연한 잎을 건조시켜 우려 마시는 차로 감잎차, 뽕차, 솔잎차, 쑥차, 연엽차 등이 있다. 꽃을 이용한 차, 곡류를 이용한 차, 열매를 이용한 차 등이 있다.

▶ 탕(湯)

꽃이나 과일 말린 것 등 여러 가지 향약재를 끓여 마시는 것과 향약재를 가루내어 끓이거나 오랫동안 조려서 고(膏)를 만들어 저장해 두고 타서 마시는 음료를 말한다.

제호탕(醍醐湯)이란 오매육(烏梅肉), 사인(砂仁), 백단향(白檀香), 초과(草果) 등을 곱게 가루내어 꿀에 재워 끓였다가 냉수에 타서 마시는 청량음료를 말한다. 조선조 궁중에서는 단옷날 내의원에서 만들어 임금께 올리면 임금이 부채와 함께 제호탕을 여름을 시원히 보내라고 기로소에 보내고, 가까이 있는 신하들에게도 하사하는 풍습이 있었다고 한다.

▶ 장(漿)

밥이나 미음 등 곡물을 젖산발효시켜 신맛이 나게 한 장수와 향약성 재료 및 곡물가루, 채소류 등을 꿀이나 설탕 등에 넣어 숙성시키거나 오래 저장시켜 만든 음료를 말한다. 여지장, 모과장, 유자장 등이 있다.

《삼국사기》와 《삼국유사》에 장수와 호장(관병의 장), 배장(한산의 장) 등에 관한 내용이 수록되어 있다. 장수(漿水)는 김유신 장군이 마셨다고 기록되어 있는데 젖산발효 음료로 성질이 온화하고 맛은 달고 시며 목마른 것을 그치게 한다. 식체하여 구토하고 설사가 심하게 나는 병인 곽란에 좋고 정신을 맑게 하여 잠을 쫓아버리는 효능이 있다고 한다.

▶ 숙수(熟水)

향약초를 달여 만든 음료로 꽃이나 차조기잎 등을 끓는 물에 넣고 그 향기를 우려 마시는 것과 한약재 가루에 꿀과 물을 섞어 끓여 마시는 것이 있다. 송나라 사람들이 음료 중에서 가장 숭상하는 것이 숙수이며 그중 제일로 삼는 것이 자소숙수이다. 우리나라에서도 고려 땐 숙수를 병에 넣고 다니면서 마셨다는 기록이 있다. 우리나라에서는 예로부터 밥을 지을 때 솥 안쪽 바닥에 밥을 눌린 뒤 물을 부어 한번 끓여낸 숭늉을 숙수라고도 했는데 구수한 맛이 있어 요즘도 식사 후에 많은 사람들이 즐겨 마신다. 이를 반탕(飯湯) 또는 취탕(炊湯)이라고도 한다.

▶ 갈수(渴水)

농축된 과일즙에 한약재를 가루내어 혼합하여 달이거나 한약재에 누룩 등을 넣어 꿀과 함께 달여 마시는 음료이다. 즉 목이 마를 때 먹는 물을 갈수라고 하는데 약리효과를 가지는 음료수이다.

▶ 식혜(食醯)

쌀밥이나 찹쌀밥에 엿기름물을 가하여 전분을 당화시킨 우리 고유의 전통음료이다.

엿기름(맥아)은 보리에 수분을 흡수시켜 적당한 온도에서 발아시킴으로써 전분 분해효소인 α-β amylase를 다량 생성시킨 것으로 이 엿기름의 당화력이 식혜의 맛을 좌우한다. 소화제가 귀하던 시절에는 과식한 후에 식혜를 소화제 대신 마셨다.

식혜 중 독특한 것으로 안동식혜가 있다. 경상도 안동 지방은 유난히 법도가 엄격한 예향인데 음식도 품위와 절도가 있다. 그중 '안동식혜'는 보통 식혜와 아주 다르다. 찹쌀을 쪄서 따뜻할 때 잘게 썬 무와 생강을 곱게 채쳐서 엿기름 내린 물을 섞어 버무린다. 고춧가루를 결이 고운 헝겊에 싸서 동여매어 엿기름 물에 넣거나 따로 고운체에 밭쳐 고춧물을 들인다. 이를 오지 항아리에 담아 아랫목에 놓아두고 하룻밤 재우면 밥알과 다른 건더기가 삭아서 위에 동동 떠오르는데 밥알이 삭으면서 생긴 단맛과 고춧가루의 매운맛이 어울려 맵싸하면서 화한 맛이 난다. 먹을 때 채 썬 배와 잣을 띄운다. 이 식혜를 마시면 속이 시원하게 뚫리는 듯한 기분이 들고 기침과 감기에 즉효가 있다. 김치 보시기를 헹구어낸 듯한 벌건 국물에 밥풀이 둥둥 떠 있어 깔끔해 보이지는 않지만 맛은 아주 일품이다.

▶ 수정과(水正果)

수정과는 계피와 생강을 달인 물에 설탕이나 꿀을 타고 곶감과 잣 등을 넣은 음료다. 지금은 수정과라고 하면 거의가 곶감이 들어간 수정과만을 가리키지만 원래는 국물이 있는 정과로 음청류인 화채를 통틀어 가리키는 말이었다. 종류로는 곶감수정과, 배수정과(배숙), 향설고(상설고) 등이 있다.

생강과 계피는 두 가지 모두 한약재로 유명하지만 물에 넣어 끓이면 맵고 향기로운 물을 만들 수 있다. 수정과는 겨울철, 그중에서도 설날 많이 마시는 찬 음료다. 마른 곶감을 띄워 내야 해서 늦가을부터 만들 수 있기 때문이다.

영조 41년《수작의궤》라는 문헌의 궁중연회식단에 문헌상 처음으로 수정과가 나타나고, 순조 27년의《진작의궤》에는 수정과의 재료, 분량이 기록되어 있다.

배숙[梨熟(이숙)]은《조선무쌍신식요리제법》에 만드는 법이 자세히 나와 있다. "겨울 화채인 배숙은 모과숙과 같이 만들되 못 없고 발 잘고 큰 것으로 껍질을 벗겨 통으로 만들거나 굵게 저며서 만든다. 궁중에서는 배를 벗겨 통후추를 드문드문하게 박아 삶아서 굵게 저미고 꿀물에 삶는다."《조선요리제법》에서는 "배를 껍질째 얇게 벗겨서 큰 것은 여섯 쪽을 내고 작은 것은 네 쪽으로 갈라 속을 베어 내고 가장자리를 둥그렇게 다듬은 다음 등에다 통후추를 몇 개 박는다. 맹물에 끓여서 배는 어느 정도 익으면 설탕을 넣고 잠깐 끓인 후 찬물을 적당히 더 넣고 실백을 띄운다"고 하였다. 궁중 잔치 기록에 나오는 배숙에는 배, 잣, 후추, 생강, 꿀의 다섯 가지 재료가 쓰였는데 배에 후추를 박아서 물에 꿀과 생강을 한데 넣고 끓여서 잣을 띄운 것으로 보인다.

한편 통째로 만든 배숙에는 '향설고(香雪膏)'가 있다. 《조선무쌍신식요리제법》에서는 향설고를 만들려면, "시고 단단한 문배를 껍질을 벗겨 후추를 박고 꿀물을 타 새옹이나 통노구에 붓고 생강을 저며 넣어 은근한 불로 조리는데 달고 시지 않다. 오미자국을 조금 넣으면 더욱 좋으며 수정과를 하려면 약간만 조려 물을 넉넉히 붓고 계핏가루와 실백을 띄운다"고 하였다.

▶ 밀수(蜜水)

재료를 꿀물에 타거나 띄워서 마시는 것으로, 여러 곡물을 각각 볶아서 가루내어 미숫가루를 만들어 물에 타서 마시는 미수도 밀수의 한 종류이다. 밀수에는 송화밀수, 떡수단, 보리수단, 원소병, 옥수수수단 등이 있다. 물에 떡이 들어 있다는 뜻의 수단(水團)은 쌀가루나 밀가루를 빚어 한 푼 반 길이로 썰어 꿀물에 넣고 실백을 띄운 음료를 말하며 유월 유두의 절식(節食)이다.

《조선무쌍신식요리제법》에는 "중국의 삼국시대에 하북(河北)의 원소(袁紹)가 만들어 먹은 떡이라 하여 원소병(袁紹餅)이라 한다"고 씌어 있다. 우리나라 문헌에서는 모두 원소란 찹쌀가루로 작은 경단을 빚어 소를 넣고 삶아서 꿀물에 띄운 것이라고 하였다.

▶ 미수(糜水)

찹쌀, 멥쌀, 보리, 콩 등을 쪄서 말리고 볶은 다음 곱게 가루를 내어 냉수나 꿀물에 타서 마시는 음료를 말한다. 옛날에는 주식 대용이나 저장식 및 구황식으로 널리 쓰였으며 곡물 등을 볶아 가루로 만든 것은 구(糗) 또는 초(麨)라 하고 쪄서 말린 것은 비(糒)라 하였다. 《삼국유사》에 쌀을 쪄서 말린 것으로 양식을 삼았다는 기사가 있는 것으로 보아 이때 이미 주식 대용의 쌀 가공저장법이 발달되었음을 알 수 있다.

조선시대에는 구가 주로 구황식으로 이용되었다. 《구황활요》, 《치생요람》, 《임원십육지》, 《규합총서》에 미수에 대한 설명이 기록되어 있으며 《배물보》에서는 초면(麨麵)을 미시라고 표기하였다. 《조선무쌍신식요리제법》에서는 미시 만드는 법을 마식(麋食)이라고도 표기했으며 초가 곧 미시라고 설명되어 있다. 《조선요리제법》에서는 여러 곡물을 이용하여 만든 미숫가루를 꿀물에 탄 것을 미수라고 했으며 여름철 음식이라고 하였다.

▶ 화채(花菜)

여러 가지 과일을 얇게 저민 것 또는 식용 꽃잎 등을 꿀이나 설탕에 재웠다가 물을 붓고 차게 만드는 것이다.

국물은 주로 오미자 우린 물이나 과일즙을 이용한다.

화채는 국물 맛에 따라 크게 오미자화채, 꿀물화채, 한방 약재로 만든 화채, 과실만으로 만든 화채로 나눌 수 있다. 차게 해서 마시지만 계절에 관계없이 늘 즐기는 음료이다.

1800년대 말의 《시의전서》에 장미, 앵두, 산딸기, 복숭아 등 많은 종류의 화채가 나오는 것으로 보아 조선시대 후기에 일반 서민도 화채를 널리 마셨음을 알 수 있다. 궁중의 잔치기록인 《진찬의궤》와 《진작의궤》에는 세면, 수면, 청면, 화면, 수단, 수정과, 가련수정과, 화채, 이숙, 밀수, 상설고 등의 열한 가지 화채가 나오고, 그 밖의 옛 음식책에 소개된 음료는 제호탕, 원소병, 찹쌀미수, 송화밀수, 식혜, 복숭아화채, 외화채, 향설고, 유자청, 오미자고, 감주, 보리수단 등으로 그 종류가 매우 많다.

✱ 참고문헌

고품격 한과와 음청류(정재홍 외, 형설출판사, 2003)
맛있고 재미있는 한식이야기(㈜한식재단, 한국외식정보, 2013)
아름다운 우리차(윤숙자 외, 질시루, 2007)
우리가 정말 알아야 할 우리 음식 백가지 1(한복진, 현암사, 1998)

memo

수정과

재료

- 통계피 40g
- 물 6컵
- 생강 50g
- 물 6컵
- 황설탕 1컵
- 곶감 3개
- 잣 1큰술

재료 계량하기
❶ 배합표에 따라 재료를 정확하게 계량한다.

재료 · 도구 준비하기
❷ 수정과 종류에 맞추어 재료와 도구를 준비한다.
  (1) 생강, 통계피, 설탕, 곶감, 잣, 물 등의 재료를 준비한다.
  (2) 수정과 만들 때 필요한 냄비, 믹싱볼, 작은 볼, 접시, 도마, 칼, 고운체 등을 준비한다.

재료 전처리하기
❸ 통계피는 조각을 내어 깨끗이 씻는다.
❹ 생강은 껍질을 벗겨 편으로 썬다.
❺ 곶감은 꼭지와 씨를 제거하고 먹기 좋은 크기로 썬다.
❻ 잣은 깨끗이 닦아 고깔을 뗀다.

조리하기
❼ 계피에 물 6컵을 부어 40분 정도 끓여 면포에 거른다.
❽ 생강에 물 6컵을 부어 30분 정도 끓여 면포에 거른다.
❾ 계피와 생강 끓인 물을 합하여 설탕을 넣고 10분 정도 끓여 식힌다.

담아 완성하기
❿ 수정과 담을 그릇을 선택하여 수정과를 담고 곶감과 잣을 고명으로 넣는다.

학습내용	평가항목	성취수준		
		상	중	하
음청류 재료 준비하기	조리에 사용하는 재료를 필요량에 맞게 계량할 수 있다.			
	음청류의 종류에 맞추어 재료를 준비할 수 있다.			
	재료에 따라 요구되는 전처리를 수행할 수 있다.			
음청류 조리하기	음청류의 주재료와 부재료를 배합할 수 있다.			
	음청류의 종류에 따라 끓이거나 우려낼 수 있다.			
	음청류에 띄울 과일, 꽃, 보리, 떡수단, 원소병 재료 등을 조리법대로 준비할 수 있다.			
	끓이거나 우려낸 국물에 당도를 맞출 수 있다.			
	음청류의 종류에 따라 냉, 온으로 보관할 수 있다.			
음청류 담아 완성하기	음청류의 그릇을 선택할 수 있다.			
	그릇에 준비한 재료와 국물을 비율에 맞게 담을 수 있다.			
	음청류에 따라 고명을 사용할 수 있다.			

학습자 완성품 사진

일일 개인위생 점검표(입실준비)

점검일 :　　년　　월　　일　　　　　　이름:

점검 항목	착용 및 실시 여부	점검결과		
		양호	보통	미흡
조리모				
두발의 형태에 따른 손질(머리망 등)				
조리복 상의				
조리복 바지				
앞치마				
스카프				
안전화				
손톱의 길이 및 매니큐어 여부				
반지, 시계, 팔찌 등				
짙은 화장				
향수				
손 씻기				
상처유무 및 적절한 조치				
흰색 행주 지참				
사이드 타월				
개인용 조리도구				

일일 위생 점검표(퇴실준비)

점검일 :　　년　　월　　일　　　　　　이름

점검 항목	실시 여부	점검결과		
		양호	보통	미흡
그릇, 기물 세척 및 정리정돈				
기계, 도구, 장비 세척 및 정리정돈				
작업대 청소 및 물기 제거				
가스레인지 또는 인덕션 청소				
양념통 정리				
남은 재료 정리정돈				
음식 쓰레기 처리				
개수대 청소				
수도 주변 및 세제 관리				
바닥 청소				
청소도구 정리정돈				
전기 및 Gas 체크				

식혜

재료

- 엿기름 2컵
- 물 15컵
- 멥쌀 2컵
- 생강 20g
- 설탕 2컵
- 잣 2큰술

재료 계량하기
❶ 배합표에 따라 재료를 정확하게 계량한다.

재료 · 도구 준비하기
❷ 식혜 종류에 맞추어 재료와 도구를 준비한다.
  (1) 엿기름, 물, 멥쌀 생강, 설탕, 잣 등의 재료를 준비한다.
  (2) 식혜 만들 때 필요한 믹싱볼, 고운체, 밥솥 등을 준비한다.

재료 전처리하기
❸ 엿기름은 검지 않고 깨끗한 것으로 준비하여 찬물에 고루 풀어 불린다.
❹ 중간중간 불린 엿기름을 바락바락 주물러 고운체에 밭쳐 맑아질 때 까지 가라앉힌다.
❺ 가라앉은 엿기름의 웃물만 조심스럽게 따르고 남은 앙금은 버린다.
❻ 쌀은 깨끗이 씻어 일어 2시간 정도 불린 후 되직하게 고두밥을 짓는다.
❼ 생강은 껍질을 벗기고 편으로 썰어 준비한다.

조리하기
❽ 전기보온밥솥에 밥과 맑은 엿기름물을 넣어 잘 섞고, 보온상태에 놓고 5~6시간 동안 삭힌다.
❾ 밥알이 삭아서 5~6알 정도 떠오르기 시작하면 떠오른 밥알만 건져서 찬물에 헹궈둔다.
❿ 삭힌 엿기름물은 설탕과 편으로 썬 생강을 넣고 끓인다.
⓫ 끓인 식혜 물을 체에 거른 후 식힌다.

담아 완성하기
⓬ 식혜 담을 그릇을 선택하여 식혜를 담고 잣을 띄운다.

학습내용	평가항목	성취수준		
		상	중	하
음청류 재료 준비하기	조리에 사용하는 재료를 필요량에 맞게 계량할 수 있다.			
	음청류의 종류에 맞추어 재료를 준비할 수 있다.			
	재료에 따라 요구되는 전처리를 수행할 수 있다.			
음청류 조리하기	음청류의 주재료와 부재료를 배합할 수 있다.			
	음청류의 종류에 따라 끓이거나 우려낼 수 있다.			
	음청류에 띄울 과일, 꽃, 보리, 떡수단, 원소병 재료 등을 조리법대로 준비할 수 있다.			
	끓이거나 우려낸 국물에 당도를 맞출 수 있다.			
	음청류의 종류에 따라 냉, 온으로 보관할 수 있다.			
음청류 담아 완성하기	음청류의 그릇을 선택할 수 있다.			
	그릇에 준비한 재료와 국물을 비율에 맞게 담을 수 있다.			
	음청류에 따라 고명을 사용할 수 있다.			

학습자 완성품 사진

일일 개인위생 점검표(입실준비)

점검일 :　　년　　월　　일　　　　이름:

점검 항목	착용 및 실시 여부	점검결과		
		양호	보통	미흡
조리모				
두발의 형태에 따른 손질(머리망 등)				
조리복 상의				
조리복 바지				
앞치마				
스카프				
안전화				
손톱의 길이 및 매니큐어 여부				
반지, 시계, 팔찌 등				
짙은 화장				
향수				
손 씻기				
상처유무 및 적절한 조치				
흰색 행주 지참				
사이드 타월				
개인용 조리도구				

일일 위생 점검표(퇴실준비)

점검일 :　　년　　월　　일　　　　이름

점검 항목	실시 여부	점검결과		
		양호	보통	미흡
그릇, 기물 세척 및 정리정돈				
기계, 도구, 장비 세척 및 정리정돈				
작업대 청소 및 물기 제거				
가스레인지 또는 인덕션 청소				
양념통 정리				
남은 재료 정리정돈				
음식 쓰레기 처리				
개수대 청소				
수도 주변 및 세제 관리				
바닥 청소				
청소도구 정리정돈				
전기 및 Gas 체크				

원소병

재료

- 찹쌀가루 1½컵
- 소금 약간
- 오미자물 2큰술
- 치자물 2큰술
- 시금치 간 물 2큰술
- 녹말가루 2큰술
- 잣 1작은술

소

- 대추 3개
- 꿀 1/2큰술
- 계핏가루 약간
- 유자(다진 것) 2큰술

시럽

- 설탕 1/2컵
- 물 2컵

재료 계량하기

❶ 배합표에 따라 재료를 정확하게 계량한다.

재료 · 도구 준비하기

❷ 원소병 종류에 맞추어 재료와 도구를 준비한다.
　(1) 찹쌀가루, 녹말가루, 잣, 꿀, 소금, 소(대추, 계핏가루, 꿀, 설탕에
　　절인 유자), 물 등의 재료를 준비한다.
　(2) 원소병 만들 때 필요한 냄비, 믹싱볼, 작은 유리볼, 종지, 접시, 고
　　운체, 수저, 칼, 도마 등을 준비한다.

재료 전처리하기

❸ 찹쌀가루를 체에 내려 3등분한다.
❹ 잣은 고깔을 떼고 준비한다.
❺ 대추는 씨를 제거하고 다진다.
❻ 유자는 곱게 다진다.

조리하기

❼ 각각의 찹쌀가루에 오미자물, 치자물, 시금치 간 물을 넣고 치대어
　말랑하게 반죽한다.
❽ 대추, 유자를 계핏가루와 꿀로 버무려 소를 만든다.
❾ 찹쌀반죽에 소를 넣고 직경 2cm 정도의 크기로 동그랗게 경단을 빚
　는다.
❿ 경단에 녹말가루를 묻혀 끓는 물에 넣고 삶아 떠오르면 찬물에 헹구
　어 건진다.
⓫ 냄비에 물과 설탕을 담고 끓여 설탕이 녹으면 식힌다.

담아 완성하기

⓬ 원소병 담을 그릇을 선택하여 시럽을 붓고 삼색경단을 고루 담은 후
　잣을 띄운다.

학습내용	평가항목	성취수준		
		상	중	하
음청류 재료 준비하기	조리에 사용하는 재료를 필요량에 맞게 계량할 수 있다.			
	음청류의 종류에 맞추어 재료를 준비할 수 있다.			
	재료에 따라 요구되는 전처리를 수행할 수 있다.			
음청류 조리하기	음청류의 주재료와 부재료를 배합할 수 있다.			
	음청류의 종류에 따라 끓이거나 우려낼 수 있다.			
	음청류에 띄울 과일, 꽃, 보리, 떡수단, 원소병 재료 등을 조리법대로 준비할 수 있다.			
	끓이거나 우려낸 국물에 당도를 맞출 수 있다.			
	음청류의 종류에 따라 냉, 온으로 보관할 수 있다.			
음청류 담아 완성하기	음청류의 그릇을 선택할 수 있다.			
	그릇에 준비한 재료와 국물을 비율에 맞게 담을 수 있다.			
	음청류에 따라 고명을 사용할 수 있다.			

학습자 완성품 사진

일일 개인위생 점검표(입실준비)

점검일 :　　년　　월　　일　　　　이름:

점검 항목	착용 및 실시 여부	점검결과		
		양호	보통	미흡
조리모				
두발의 형태에 따른 손질(머리망 등)				
조리복 상의				
조리복 바지				
앞치마				
스카프				
안전화				
손톱의 길이 및 매니큐어 여부				
반지, 시계, 팔찌 등				
짙은 화장				
향수				
손 씻기				
상처유무 및 적절한 조치				
흰색 행주 지참				
사이드 타월				
개인용 조리도구				

일일 위생 점검표(퇴실준비)

점검일 :　　년　　월　　일　　　　이름

점검 항목	실시 여부	점검결과		
		양호	보통	미흡
그릇, 기물 세척 및 정리정돈				
기계, 도구, 장비 세척 및 정리정돈				
작업대 청소 및 물기 제거				
가스레인지 또는 인덕션 청소				
양념통 정리				
남은 재료 정리정돈				
음식 쓰레기 처리				
개수대 청소				
수도 주변 및 세제 관리				
바닥 청소				
청소도구 정리정돈				
전기 및 Gas 체크				

보리수단

재료

- 오미자 1/2컵(45g)
- 물 6컵
- 설탕 1컵(170g)
- 햇보리 1/4컵
- 녹말 1/3컵
- 소금 약간
- 잣 1작은술

재료 계량하기
❶ 배합표에 따라 재료를 정확하게 계량한다.

재료 · 도구 준비하기
❷ 보리수단 종류에 맞추어 재료와 도구를 준비한다.
   (1) 오미자, 햇보리, 녹말, 물, 설탕, 소금, 잣 등의 재료를 준비한다.
   (2) 보리수단을 만들 때 필요한 냄비, 접시, 믹싱볼, 고운체, 유리그릇
       등을 준비한다.

재료 전처리하기
❸ 보리쌀은 깨끗이 씻어 준비한다.
❹ 오미자는 찬물 2컵에 담가 하룻밤 정도 우린다.
❺ 잣은 고깔을 떼고 준비한다.

조리하기
❻ 하루 동안 우려낸 오미자를 면포에 거른다.
❼ 오미자국물에 물 4컵을 섞고 설탕을 넣어 녹인다.
❽ 햇보리를 삶아 맑은 물이 나오도록 씻어 건져 물기를 제거한다.
❾ 삶은 보리에 녹말을 골고루 묻힌다.
❿ 녹말 묻힌 보리를 끓는 물에 넣어 삶는다.
⓫ 보리가 익어 떠오르면 찬물에 헹구어 녹말을 묻혀 다시 익히기를 3
   번 정도 반복한다.

담아 완성하기
⓬ 보리수단 담을 그릇을 선택하여 준비된 오미자국물에 삶아낸 보리를
   넣고 잣을 띄운다.

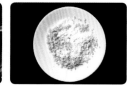
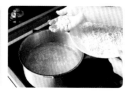

학습내용	평가항목	성취수준		
		상	중	하
음청류 재료 준비하기	조리에 사용하는 재료를 필요량에 맞게 계량할 수 있다.			
	음청류의 종류에 맞추어 재료를 준비할 수 있다.			
	재료에 따라 요구되는 전처리를 수행할 수 있다.			
음청류 조리하기	음청류의 주재료와 부재료를 배합할 수 있다.			
	음청류의 종류에 따라 끓이거나 우려낼 수 있다.			
	음청류에 띄울 과일, 꽃, 보리, 떡수단, 원소병 재료 등을 조리법대로 준비할 수 있다.			
	끓이거나 우려낸 국물에 당도를 맞출 수 있다.			
	음청류의 종류에 따라 냉, 온으로 보관할 수 있다.			
음청류 담아 완성하기	음청류의 그릇을 선택할 수 있다.			
	그릇에 준비한 재료와 국물을 비율에 맞게 담을 수 있다.			
	음청류에 따라 고명을 사용할 수 있다.			

학습자 완성품 사진

일일 개인위생 점검표(입실준비)

점검일 :　　년　　월　　일　　　　이름:

점검 항목	착용 및 실시 여부	점검결과		
		양호	보통	미흡
조리모				
두발의 형태에 따른 손질(머리망 등)				
조리복 상의				
조리복 바지				
앞치마				
스카프				
안전화				
손톱의 길이 및 매니큐어 여부				
반지, 시계, 팔찌 등				
짙은 화장				
향수				
손 씻기				
상처유무 및 적절한 조치				
흰색 행주 지참				
사이드 타월				
개인용 조리도구				

일일 위생 점검표(퇴실준비)

점검일 :　　년　　월　　일　　　　이름

점검 항목	실시 여부	점검결과		
		양호	보통	미흡
그릇, 기물 세척 및 정리정돈				
기계, 도구, 장비 세척 및 정리정돈				
작업대 청소 및 물기 제거				
가스레인지 또는 인덕션 청소				
양념통 정리				
남은 재료 정리정돈				
음식 쓰레기 처리				
개수대 청소				
수도 주변 및 세제 관리				
바닥 청소				
청소도구 정리정돈				
전기 및 Gas 체크				

떡수단

재료

- 멥쌀가루 1½컵
- 녹말가루 2큰술
- 꿀 1/2큰술
- 생수 4컵
- 잣 1/2큰술

시럽

- 설탕 5큰술
- 물 5큰술

소금물

- 소금 1큰술
- 물 2컵

재료 계량하기
❶ 배합표에 따라 재료를 정확하게 계량한다.

재료 · 도구 준비하기
❷ 떡수단 종류에 맞추어 재료와 도구를 준비한다.
  (1) 멥쌀가루, 녹말가루, 잣, 꿀, 소금, 물 등의 재료를 준비한다.
  (2) 떡수단 만들 때 필요한 냄비, 믹싱볼, 작은 유리볼, 종지, 접시, 고운체, 수저, 칼, 도마 등을 준비한다.

재료 전처리하기
❸ 재료에 따라 요구되는 전처리를 수행한다.
  (1) 멥쌀은 충분히 불려 소금을 넣고 가루로 곱게 빻는다.
  (2) 잣은 고깔을 떼고 준비한다.

조리하기
❹ 멥쌀가루는 물을 약간 넣어 고루 비벼 체에 내린다.
❺ 찜솥에 쌀가루를 넣어 쌀가루 위로 김이 오르면 10분 정도 찐 후 절구에 놓고 소금물을 묻혀 가며 차지게 될 때까지 쳐서 둥글고 가늘게 비벼서 직경 0.7cm 굵기의 떡을 만든다.
❻ 떡에 녹말을 묻혀 끓는 물에 삶아서 찬물에 헹군 뒤 건져서 물기 빼기를 3번 반복한다.
❼ 생수에 시럽을 넣어 화채 국물을 만든다.

담아 완성하기
❽ 떡수단 담을 그릇을 선택하여 담고 잣을 띄운다.

학습내용	평가항목	성취수준		
		상	중	하
음청류 재료 준비하기	조리에 사용하는 재료를 필요량에 맞게 계량할 수 있다.			
	음청류의 종류에 맞추어 재료를 준비할 수 있다.			
	재료에 따라 요구되는 전처리를 수행할 수 있다.			
음청류 조리하기	음청류의 주재료와 부재료를 배합할 수 있다.			
	음청류의 종류에 따라 끓이거나 우려낼 수 있다.			
	음청류에 띄울 과일, 꽃, 보리, 떡수단, 원소병 재료 등을 조리법대로 준비할 수 있다.			
	끓이거나 우려낸 국물에 당도를 맞출 수 있다.			
	음청류의 종류에 따라 냉, 온으로 보관할 수 있다.			
음청류 담아 완성하기	음청류의 그릇을 선택할 수 있다.			
	그릇에 준비한 재료와 국물을 비율에 맞게 담을 수 있다.			
	음청류에 따라 고명을 사용할 수 있다.			

학습자 완성품 사진

일일 개인위생 점검표(입실준비)

점검일 :   년   월   일   이름:

점검 항목	착용 및 실시 여부	점검결과		
		양호	보통	미흡
조리모				
두발의 형태에 따른 손질(머리망 등)				
조리복 상의				
조리복 바지				
앞치마				
스카프				
안전화				
손톱의 길이 및 매니큐어 여부				
반지, 시계, 팔찌 등				
짙은 화장				
향수				
손 씻기				
상처유무 및 적절한 조치				
흰색 행주 지참				
사이드 타월				
개인용 조리도구				

일일 위생 점검표(퇴실준비)

점검일 :   년   월   일   이름

점검 항목	실시 여부	점검결과		
		양호	보통	미흡
그릇, 기물 세척 및 정리정돈				
기계, 도구, 장비 세척 및 정리정돈				
작업대 청소 및 물기 제거				
가스레인지 또는 인덕션 청소				
양념통 정리				
남은 재료 정리정돈				
음식 쓰레기 처리				
개수대 청소				
수도 주변 및 세제 관리				
바닥 청소				
청소도구 정리정돈				
전기 및 Gas 체크				

율무미수

재료

- 율무 2컵
- 꿀 적당량

재료 계량하기
❶ 배합표에 따라 재료를 정확하게 계량한다.

재료 · 도구 준비하기
❷ 율무미수 종류에 맞추어 재료와 도구를 준비한다.
　(1) 율무, 꿀(설탕) 등의 재료를 준비한다.
　(2) 율무미수를 만들 때 필요한 믹싱볼, 고운체, 찜통, 면포, 프라이
　　　팬, 주걱, 절구통 등을 준비한다.

재료 전처리하기
❸ 율무는 깨끗이 씻어 5시간 정도 물에 담가둔다. 이때 물은 자주 갈아
　준다.

조리하기
❹ 불린 율무를 찜통에 넣고 찐다.
❺ 쪄낸 율무를 2~3일 정도 바싹 말린다.
❻ 말린 율무를 볶아 가루로 만든다.
❼ 율무가루는 물에 풀고 적당량의 꿀을 넣어 섞는다.

담아 완성하기
❽ 율무미수 담을 그릇을 선택하여 담는다.

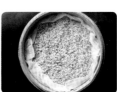

학습내용	평가항목	성취수준		
		상	중	하
음청류 재료 준비하기	조리에 사용하는 재료를 필요량에 맞게 계량할 수 있다.			
	음청류의 종류에 맞추어 재료를 준비할 수 있다.			
	재료에 따라 요구되는 전처리를 수행할 수 있다.			
음청류 조리하기	음청류의 주재료와 부재료를 배합할 수 있다.			
	음청류의 종류에 따라 끓이거나 우려낼 수 있다.			
	음청류에 띄울 과일, 꽃, 보리, 떡수단, 원소병 재료 등을 조리법대로 준비할 수 있다.			
	끓이거나 우려낸 국물에 당도를 맞출 수 있다.			
	음청류의 종류에 따라 냉, 온으로 보관할 수 있다.			
음청류 담아 완성하기	음청류의 그릇을 선택할 수 있다.			
	그릇에 준비한 재료와 국물을 비율에 맞게 담을 수 있다.			
	음청류에 따라 고명을 사용할 수 있다.			

학습자 완성품 사진

일일 개인위생 점검표(입실준비)

점검일 :　　 년　 월　 일　　　　　 이름:

점검 항목	착용 및 실시 여부	점검결과		
		양호	보통	미흡
조리모				
두발의 형태에 따른 손질(머리망 등)				
조리복 상의				
조리복 바지				
앞치마				
스카프				
안전화				
손톱의 길이 및 매니큐어 여부				
반지, 시계, 팔찌 등				
짙은 화장				
향수				
손 씻기				
상처유무 및 적절한 조치				
흰색 행주 지참				
사이드 타월				
개인용 조리도구				

일일 위생 점검표(퇴실준비)

점검일 :　　 년　 월　 일　　　　　 이름

점검 항목	실시 여부	점검결과		
		양호	보통	미흡
그릇, 기물 세척 및 정리정돈				
기계, 도구, 장비 세척 및 정리정돈				
작업대 청소 및 물기 제거				
가스레인지 또는 인덕션 청소				
양념통 정리				
남은 재료 정리정돈				
음식 쓰레기 처리				
개수대 청소				
수도 주변 및 세제 관리				
바닥 청소				
청소도구 정리정돈				
전기 및 Gas 체크				

송화밀수

재료

• 송홧가루 1½큰술
• 물 5컵
• 꿀 8~10큰술
• 잣 1작은술

재료 계량하기
❶ 배합표에 따라 재료를 정확하게 계량한다.

재료 · 도구 준비하기
❷ 송화밀수 종류에 맞추어 재료와 도구를 준비한다.
　(1) 송홧가루, 물, 꿀, 잣 등의 재료를 준비한다.
　(2) 송화밀수를 만들 때 필요한 유리볼, 접시, 수저 등을 준비한다.

재료 전처리하기
❸ 잣은 고깔을 떼고 준비한다.

조리하기
❹ 물에 꿀을 섞어 꿀물을 만든 후 송홧가루를 넣고 잘 풀어준다.

담아 완성하기
❺ 송화밀수 담을 그릇을 선택하여 송화밀수를 담고 잣을 띄운다.

학습내용	평가항목	성취수준		
		상	중	하
음청류 재료 준비하기	조리에 사용하는 재료를 필요량에 맞게 계량할 수 있다.			
	음청류의 종류에 맞추어 재료를 준비할 수 있다.			
	재료에 따라 요구되는 전처리를 수행할 수 있다.			
음청류 조리하기	음청류의 주재료와 부재료를 배합할 수 있다.			
	음청류의 종류에 따라 끓이거나 우려낼 수 있다.			
	음청류에 띄울 과일, 꽃, 보리, 떡수단, 원소병 재료 등을 조리법대로 준비할 수 있다.			
	끓이거나 우려낸 국물에 당도를 맞출 수 있다.			
	음청류의 종류에 따라 냉, 온으로 보관할 수 있다.			
음청류 담아 완성하기	음청류의 그릇을 선택할 수 있다.			
	그릇에 준비한 재료와 국물을 비율에 맞게 담을 수 있다.			
	음청류에 따라 고명을 사용할 수 있다.			

학습자 완성품 사진

일일 개인위생 점검표(입실준비)

점검일 : 　년　월　일　　　　이름:

점검 항목	착용 및 실시 여부	점검결과		
		양호	보통	미흡
조리모				
두발의 형태에 따른 손질(머리망 등)				
조리복 상의				
조리복 바지				
앞치마				
스카프				
안전화				
손톱의 길이 및 매니큐어 여부				
반지, 시계, 팔찌 등				
짙은 화장				
향수				
손 씻기				
상처유무 및 적절한 조치				
흰색 행주 지참				
사이드 타월				
개인용 조리도구				

일일 위생 점검표(퇴실준비)

점검일 : 　년　월　일　　　　이름

점검 항목	실시 여부	점검결과		
		양호	보통	미흡
그릇, 기물 세척 및 정리정돈				
기계, 도구, 장비 세척 및 정리정돈				
작업대 청소 및 물기 제거				
가스레인지 또는 인덕션 청소				
양념통 정리				
남은 재료 정리정돈				
음식 쓰레기 처리				
개수대 청소				
수도 주변 및 세제 관리				
바닥 청소				
청소도구 정리정돈				
전기 및 Gas 체크				

녹두나화

재료

- 흰깨 1컵
- 물 5컵
- 소금 1작은술
- 녹두녹말 1/2컵
- 물 1컵
- 잣 1큰술

재료 계량하기
❶ 배합표에 따라 재료를 정확하게 계량한다.

재료 · 도구 준비하기
❷ 녹두나화 종류에 맞추어 재료와 도구를 준비한다.
  (1) 실깨, 물, 소금, 녹두녹말, 잣 등의 재료를 준비한다.
  (2) 녹두나화를 만들 때 필요한 쟁반, 냄비, 칼, 도마, 면포 등을 준비
    한다.

재료 전처리하기
❸ 깨는 깨끗이 씻어 일어 2시간 불려 커터기에 넣고 물을 자작하게 부
  어 껍질이 벗겨질 때까지 돌린다.
❹ 바가지에 깨를 넣고 물을 부으면 껍질이 위로 뜬다. 물 위에 뜨는 껍
  질을 버리고 남은 깨는 물기를 뺀 후 볶는다.
❺ 잣은 고깔을 떼고 준비한다.

조리하기
❻ 믹서기에 볶은 실깨를 넣고 물을 부어 곱게 간다.
❼ 고운 망이나 면포에 걸러 맑은 국물을 받쳐 소금으로 간을 한다.
❽ 녹두녹말에 물을 붓고 20분 정도 두었다가 윗물은 따라 버리고 다시
  물을 붓는다.
❾ 밑이 평평한 쟁반에 물칠을 하고 녹말물을 0.3cm 두께로 부어 중탕
  으로 익힌다.
❿ 말갛게 익기 시작하면 그릇째 물속에 넣고 익혀 꺼내 찬물에 식혀 채
  를 썬다.

담아 완성하기
⓫ 녹두나화 담을 그릇을 선택하여 채 썬 녹말국수를 그릇에 담고 깻국
  을 붓고 잣을 띄운다.

학습내용	평가항목	성취수준		
		상	중	하
음청류 재료 준비하기	조리에 사용하는 재료를 필요량에 맞게 계량할 수 있다.			
	음청류의 종류에 맞추어 재료를 준비할 수 있다.			
	재료에 따라 요구되는 전처리를 수행할 수 있다.			
음청류 조리하기	음청류의 주재료와 부재료를 배합할 수 있다.			
	음청류의 종류에 따라 끓이거나 우려낼 수 있다.			
	음청류에 띄울 과일, 꽃, 보리, 떡수단, 원소병 재료 등을 조리법대로 준비할 수 있다.			
	끓이거나 우려낸 국물에 당도를 맞출 수 있다.			
	음청류의 종류에 따라 냉, 온으로 보관할 수 있다.			
음청류 담아 완성하기	음청류의 그릇을 선택할 수 있다.			
	그릇에 준비한 재료와 국물을 비율에 맞게 담을 수 있다.			
	음청류에 따라 고명을 사용할 수 있다.			

학습자 완성품 사진

일일 개인위생 점검표(입실준비)

점검일 :　　년　　월　　일　　　　　이름:

점검 항목	착용 및 실시 여부	점검결과		
		양호	보통	미흡
조리모				
두발의 형태에 따른 손질(머리망 등)				
조리복 상의				
조리복 바지				
앞치마				
스카프				
안전화				
손톱의 길이 및 매니큐어 여부				
반지, 시계, 팔찌 등				
짙은 화장				
향수				
손 씻기				
상처유무 및 적절한 조치				
흰색 행주 지참				
사이드 타월				
개인용 조리도구				

일일 위생 점검표(퇴실준비)

점검일 :　　년　　월　　일　　　　　이름

점검 항목	실시 여부	점검결과		
		양호	보통	미흡
그릇, 기물 세척 및 정리정돈				
기계, 도구, 장비 세척 및 정리정돈				
작업대 청소 및 물기 제거				
가스레인지 또는 인덕션 청소				
양념통 정리				
남은 재료 정리정돈				
음식 쓰레기 처리				
개수대 청소				
수도 주변 및 세제 관리				
바닥 청소				
청소도구 정리정돈				
전기 및 Gas 체크				

책면

재료

- 오미자 1/2컵
- 물 2컵
- 녹두녹말 1/2컵
- 물 1컵
- 잣 1작은술

시럽

- 설탕 1컵
- 물 4컵

재료 계량하기
❶ 배합표에 따라 재료를 정확하게 계량한다.

재료 · 도구 준비하기
❷ 책면 종류에 맞추어 재료와 도구를 준비한다.
　(1) 오미자, 물, 설탕, 녹두녹말, 잣 등의 재료를 준비한다.
　(2) 책면을 만들 때 필요한 쟁반, 냄비, 칼, 도마, 면포 등을 준비한다.

재료 전처리하기
❸ 오미자는 물에 씻어 물 2컵을 부어 하루를 우려낸 후 면포에 걸러 낸다.
❹ 설탕과 물을 섞어 끓여 시럽을 만든다.
❺ 잣은 고깔을 떼고 준비한다.

조리하기
❻ 녹두녹말에 물을 부어 20분 정도 두었다가 윗물은 따라 버리고 다시 물을 붓는다.
❼ 밑이 평평한 쟁반에 물칠을 하고 녹말물을 0.3cm 두께로 부어 중탕으로 익힌다.
❽ 맑갛게 익기 시작하면 그릇째 물속에 넣고 익혀 꺼내 찬물에 식혀 채를 썬다.

담아 완성하기
❾ 책면 담을 그릇을 선택하여 녹말국수를 담고 오미자국을 붓고 잣을 띄운다.

학습내용	평가항목	성취수준		
		상	중	하
음청류 재료 준비하기	조리에 사용하는 재료를 필요량에 맞게 계량할 수 있다.			
	음청류의 종류에 맞추어 재료를 준비할 수 있다.			
	재료에 따라 요구되는 전처리를 수행할 수 있다.			
음청류 조리하기	음청류의 주재료와 부재료를 배합할 수 있다.			
	음청류의 종류에 따라 끓이거나 우려낼 수 있다.			
	음청류에 띄울 과일, 꽃, 보리, 떡수단, 원소병 재료 등을 조리법대로 준비할 수 있다.			
	끓이거나 우려낸 국물에 당도를 맞출 수 있다.			
	음청류의 종류에 따라 냉, 온으로 보관할 수 있다.			
음청류 담아 완성하기	음청류의 그릇을 선택할 수 있다.			
	그릇에 준비한 재료와 국물을 비율에 맞게 담을 수 있다.			
	음청류에 따라 고명을 사용할 수 있다.			

학습자 완성품 사진

일일 개인위생 점검표(입실준비)

점검일 :　년　월　일　　　이름:

점검 항목	착용 및 실시 여부	점검결과		
		양호	보통	미흡
조리모				
두발의 형태에 따른 손질(머리망 등)				
조리복 상의				
조리복 바지				
앞치마				
스카프				
안전화				
손톱의 길이 및 매니큐어 여부				
반지, 시계, 팔찌 등				
짙은 화장				
향수				
손 씻기				
상처유무 및 적절한 조치				
흰색 행주 지참				
사이드 타월				
개인용 조리도구				

일일 위생 점검표(퇴실준비)

점검일 :　년　월　일　　　이름

점검 항목	실시 여부	점검결과		
		양호	보통	미흡
그릇, 기물 세척 및 정리정돈				
기계, 도구, 장비 세척 및 정리정돈				
작업대 청소 및 물기 제거				
가스레인지 또는 인덕션 청소				
양념통 정리				
남은 재료 정리정돈				
음식 쓰레기 처리				
개수대 청소				
수도 주변 및 세제 관리				
바닥 청소				
청소도구 정리정돈				
전기 및 Gas 체크				

오미자화채

재료

- 오미자 1/2컵
- 물 2컵
- 배 1/8개
- 잣 1작은술

시럽

- 설탕 1컵
- 물 4컵

재료 계량하기
❶ 배합표에 따라 재료를 정확하게 계량한다.

재료 · 도구 준비하기
❷ 오미자화채 종류에 맞추어 재료와 도구를 준비한다.
　(1) 오미자, 물, 설탕, 배, 잣 등의 재료를 준비한다.
　(2) 화채 만들 때 필요한 도자기그릇, 작은 유리볼, 고운체, 꽃모양 틀
　　등을 준비한다.

재료 전처리하기
❸ 오미자는 물에 씻어 물 2컵을 부어 하루를 우려낸 후 면포에 걸러
　낸다.
❹ 설탕과 물을 섞어 끓여 시럽을 만든다.
❺ 배는 얇게 저며 꽃 모양으로 찍는다.
❻ 잣은 고깔을 떼고 준비한다.

조리하기
❼ 오미자 우려낸 물과 시럽을 섞어 화채국물을 만든다.

담아 완성하기
❽ 오미자화채 담을 그릇을 선택하여 오미자국물을 담고 배와 잣을 띄
　워낸다.

학습내용	평가항목	성취수준		
		상	중	하
음청류 재료 준비하기	조리에 사용하는 재료를 필요량에 맞게 계량할 수 있다.			
	음청류의 종류에 맞추어 재료를 준비할 수 있다.			
	재료에 따라 요구되는 전처리를 수행할 수 있다.			
음청류 조리하기	음청류의 주재료와 부재료를 배합할 수 있다.			
	음청류의 종류에 따라 끓이거나 우려낼 수 있다.			
	음청류에 띄울 과일, 꽃, 보리, 떡수단, 원소병 재료 등을 조리법대로 준비할 수 있다.			
	끓이거나 우려낸 국물에 당도를 맞출 수 있다.			
	음청류의 종류에 따라 냉, 온으로 보관할 수 있다.			
음청류 담아 완성하기	음청류의 그릇을 선택할 수 있다.			
	그릇에 준비한 재료와 국물을 비율에 맞게 담을 수 있다.			
	음청류에 따라 고명을 사용할 수 있다.			

학습자 완성품 사진

일일 개인위생 점검표(입실준비)

점검일 : 년 월 일   이름:

점검 항목	착용 및 실시 여부	점검결과		
		양호	보통	미흡
조리모				
두발의 형태에 따른 손질(머리망 등)				
조리복 상의				
조리복 바지				
앞치마				
스카프				
안전화				
손톱의 길이 및 매니큐어 여부				
반지, 시계, 팔찌 등				
짙은 화장				
향수				
손 씻기				
상처유무 및 적절한 조치				
흰색 행주 지참				
사이드 타월				
개인용 조리도구				

일일 위생 점검표(퇴실준비)

점검일 : 년 월 일   이름

점검 항목	실시 여부	점검결과		
		양호	보통	미흡
그릇, 기물 세척 및 정리정돈				
기계, 도구, 장비 세척 및 정리정돈				
작업대 청소 및 물기 제거				
가스레인지 또는 인덕션 청소				
양념통 정리				
남은 재료 정리정돈				
음식 쓰레기 처리				
개수대 청소				
수도 주변 및 세제 관리				
바닥 청소				
청소도구 정리정돈				
전기 및 Gas 체크				

산사화채

재료

- 마른 산사자 1/2컵(40g)
- 물 8컵
- 설탕 85~170g
- 잣 1큰술

재료 계량하기

❶ 배합표에 따라 재료를 정확하게 계량한다.

재료 · 도구 준비하기

❷ 화채 종류에 맞추어 재료와 도구를 준비한다.
   (1) 산사자, 물, 설탕, 잣 등의 재료를 준비한다.
   (2) 산사화채를 만들 때 필요한 믹싱볼, 고운체, 냄비, 면포, 주전자
       등을 준비한다.

재료 전처리하기

❸ 산사자는 깨끗이 씻어 준비한다.
❹ 잣은 고깔을 떼고 준비한다.

조리하기

❺ 산사자를 씻어 분량의 물에 넣어 끓인다. 처음에는 불을 강하게 하고
   끓기 시작하면 중불에서 30분 정도 끓여 맛이 잘 우러나도록 한다.
❻ 면포에 밭쳐 맑게 걸러 설탕을 넣어 차게 식힌다.

담아 완성하기

❼ 산사화채 담을 그릇을 선택하여 담고 잣을 띄워낸다.

학습평가

학습내용	평가항목	성취수준		
		상	중	하
음청류 재료 준비하기	조리에 사용하는 재료를 필요량에 맞게 계량할 수 있다.			
	음청류의 종류에 맞추어 재료를 준비할 수 있다.			
	재료에 따라 요구되는 전처리를 수행할 수 있다.			
음청류 조리하기	음청류의 주재료와 부재료를 배합할 수 있다.			
	음청류의 종류에 따라 끓이거나 우려낼 수 있다.			
	음청류에 띄울 과일, 꽃, 보리, 떡수단, 원소병 재료 등을 조리법대로 준비할 수 있다.			
	끓이거나 우려낸 국물에 당도를 맞출 수 있다.			
	음청류의 종류에 따라 냉, 온으로 보관할 수 있다.			
음청류 담아 완성하기	음청류의 그릇을 선택할 수 있다.			
	그릇에 준비한 재료와 국물을 비율에 맞게 담을 수 있다.			
	음청류에 따라 고명을 사용할 수 있다.			

학습자 완성품 사진

일일 개인위생 점검표(입실준비)

점검일 : 년 월 일 이름:

점검 항목	착용 및 실시 여부	점검결과		
		양호	보통	미흡
조리모				
두발의 형태에 따른 손질(머리망 등)				
조리복 상의				
조리복 바지				
앞치마				
스카프				
안전화				
손톱의 길이 및 매니큐어 여부				
반지, 시계, 팔찌 등				
짙은 화장				
향수				
손 씻기				
상처유무 및 적절한 조치				
흰색 행주 지참				
사이드 타월				
개인용 조리도구				

일일 위생 점검표(퇴실준비)

점검일 : 년 월 일 이름

점검 항목	실시 여부	점검결과		
		양호	보통	미흡
그릇, 기물 세척 및 정리정돈				
기계, 도구, 장비 세척 및 정리정돈				
작업대 청소 및 물기 제거				
가스레인지 또는 인덕션 청소				
양념통 정리				
남은 재료 정리정돈				
음식 쓰레기 처리				
개수대 청소				
수도 주변 및 세제 관리				
바닥 청소				
청소도구 정리정돈				
전기 및 Gas 체크				

딸기화채

재료

- 딸기 200g
- 설탕 1/4컵
- 잣 1/2큰술

화채국물
- 물 2½컵
- 설탕 1/2컵(85g)

재료 계량하기
❶ 배합표에 따라 재료를 정확하게 계량한다.

재료 · 도구 준비하기
❷ 화채 종류에 맞추어 재료와 도구를 준비한다.
　(1) 딸기, 잣, 설탕, 물 등의 재료를 준비한다.
　(2) 화채 만들 때 필요한 도자기그릇, 작은 유리볼, 고운체 등을 준비
　　한다.

재료 전처리하기
❸ 딸기는 꼭지를 떼고 흐르는 물에 깨끗이 씻어 물기를 제거하여 준비
　한다.
❹ 잣은 고깔을 떼고 준비한다.

조리하기
❺ 설탕물을 만든다.
❻ 고명용 딸기는 편으로 썰고 나머지 딸기와 설탕물을 섞어 믹서에 갈
　아 고운체에 걸러 즙을 만든다.

담아 완성하기
❼ 딸기화채 담을 그릇을 선택하여 딸기즙을 담고 딸기와 잣을 띄운다.

학습내용	평가항목	성취수준		
		상	중	하
음청류 재료 준비하기	조리에 사용하는 재료를 필요량에 맞게 계량할 수 있다.			
	음청류의 종류에 맞추어 재료를 준비할 수 있다.			
	재료에 따라 요구되는 전처리를 수행할 수 있다.			
음청류 조리하기	음청류의 주재료와 부재료를 배합할 수 있다.			
	음청류의 종류에 따라 끓이거나 우려낼 수 있다.			
	음청류에 띄울 과일, 꽃, 보리, 떡수단, 원소병 재료 등을 조리법대로 준비할 수 있다.			
	끓이거나 우려낸 국물에 당도를 맞출 수 있다.			
	음청류의 종류에 따라 냉, 온으로 보관할 수 있다.			
음청류 담아 완성하기	음청류의 그릇을 선택할 수 있다.			
	그릇에 준비한 재료와 국물을 비율에 맞게 담을 수 있다.			
	음청류에 따라 고명을 사용할 수 있다.			

학습자 완성품 사진

일일 개인위생 점검표(입실준비)

점검일 :   년   월   일   이름:

점검 항목	착용 및 실시 여부	점검결과		
		양호	보통	미흡
조리모				
두발의 형태에 따른 손질(머리망 등)				
조리복 상의				
조리복 바지				
앞치마				
스카프				
안전화				
손톱의 길이 및 매니큐어 여부				
반지, 시계, 팔찌 등				
짙은 화장				
향수				
손 씻기				
상처유무 및 적절한 조치				
흰색 행주 지참				
사이드 타월				
개인용 조리도구				

일일 위생 점검표(퇴실준비)

점검일 :   년   월   일   이름

점검 항목	실시 여부	점검결과		
		양호	보통	미흡
그릇, 기물 세척 및 정리정돈				
기계, 도구, 장비 세척 및 정리정돈				
작업대 청소 및 물기 제거				
가스레인지 또는 인덕션 청소				
양념통 정리				
남은 재료 정리정돈				
음식 쓰레기 처리				
개수대 청소				
수도 주변 및 세제 관리				
바닥 청소				
청소도구 정리정돈				
전기 및 Gas 체크				

밀감화채

재료

- 밀감 3개
- 설탕 1/2컵
- 잣 1/2큰술

꿀물

- 물 2½컵
- 꿀 1/2컵

재료 계량하기
❶ 배합표에 따라 재료를 정확하게 계량한다.

재료 · 도구 준비하기
❷ 화채 종류에 맞추어 재료와 도구를 준비한다.
　(1) 밀감, 설탕, 잣, 꿀 등의 재료를 준비한다.
　(2) 화채 만들 때 필요한 도자기그릇, 작은 유리볼 등을 준비한다.

재료 전처리하기
❸ 밀감은 깨끗이 씻어 준비한다.
❹ 잣은 고깔을 떼고 준비한다.

조리하기
❺ 밀감은 껍질을 벗기고 속껍질을 펼쳐서 속을 알알이 떼어낸다.
❻ 떼어낸 밀감 알맹이를 설탕에 재운다.
❼ 꿀물을 만든다.
❽ 화채그릇에 설탕에 재운 밀감을 담고 꿀물을 붓는다.

담아 완성하기
❾ 밀감화채 담을 그릇을 선택하여 화채를 담고 잣을 띄운다.

학습내용	평가항목	성취수준		
		상	중	하
음청류 재료 준비하기	조리에 사용하는 재료를 필요량에 맞게 계량할 수 있다.			
	음청류의 종류에 맞추어 재료를 준비할 수 있다.			
	재료에 따라 요구되는 전처리를 수행할 수 있다.			
음청류 조리하기	음청류의 주재료와 부재료를 배합할 수 있다.			
	음청류의 종류에 따라 끓이거나 우려낼 수 있다.			
	음청류에 띄울 과일, 꽃, 보리, 떡수단, 원소병 재료 등을 조리법대로 준비 할 수 있다.			
	끓이거나 우려낸 국물에 당도를 맞출 수 있다.			
	음청류의 종류에 따라 냉, 온으로 보관할 수 있다.			
음청류 담아 완성하기	음청류의 그릇을 선택할 수 있다.			
	그릇에 준비한 재료와 국물을 비율에 맞게 담을 수 있다.			
	음청류에 따라 고명을 사용할 수 있다.			

학습자 완성품 사진

일일 개인위생 점검표(입실준비)

점검일 : 년   월   일   이름:

점검 항목	착용 및 실시 여부	점검결과		
		양호	보통	미흡
조리모				
두발의 형태에 따른 손질(머리망 등)				
조리복 상의				
조리복 바지				
앞치마				
스카프				
안전화				
손톱의 길이 및 매니큐어 여부				
반지, 시계, 팔찌 등				
짙은 화장				
향수				
손 씻기				
상처유무 및 적절한 조치				
흰색 행주 지참				
사이드 타월				
개인용 조리도구				

일일 위생 점검표(퇴실준비)

점검일 : 년   월   일   이름

점검 항목	실시 여부	점검결과		
		양호	보통	미흡
그릇, 기물 세척 및 정리정돈				
기계, 도구, 장비 세척 및 정리정돈				
작업대 청소 및 물기 제거				
가스레인지 또는 인덕션 청소				
양념통 정리				
남은 재료 정리정돈				
음식 쓰레기 처리				
개수대 청소				
수도 주변 및 세제 관리				
바닥 청소				
청소도구 정리정돈				
전기 및 Gas 체크				

수박화채

재료

· 수박 300g
· 설탕 30g
· 얼음 적당량

재료 계량하기
❶ 배합표에 따라 재료를 정확하게 계량한다.

재료 · 도구 준비하기
❷ 화채 종류에 맞추어 재료와 도구를 준비한다.
　(1) 재료를 준비한다.
　(2) 화채 만들 때 필요한 도자기그릇, 작은 유리볼, 작은 칼, 숟가락
　　 등을 준비한다.

재료 전처리하기
❸ 수박은 깨끗이 손질하여 준비한다.

조리하기
❹ 빨갛게 잘 익은 수박을 숟가락이나 원형뜨개로 속을 동글동글하게
　파낸다.
❺ 모양을 파내고 남은 부분은 블렌더에 갈아 설탕을 넣어 고루 섞는다.

담아 완성하기
❻ 수박화채 담을 그릇을 준비하여 파낸 수박을 그릇에 담고 수박국물
　을 붓고 얼음을 띄워 차게 해서 낸다.

학습내용	평가항목	성취수준		
		상	중	하
음청류 재료 준비하기	조리에 사용하는 재료를 필요량에 맞게 계량할 수 있다.			
	음청류의 종류에 맞추어 재료를 준비할 수 있다.			
	재료에 따라 요구되는 전처리를 수행할 수 있다.			
음청류 조리하기	음청류의 주재료와 부재료를 배합할 수 있다.			
	음청류의 종류에 따라 끓이거나 우려낼 수 있다.			
	음청류에 띄울 과일, 꽃, 보리, 떡수단, 원소병 재료 등을 조리법대로 준비할 수 있다.			
	끓이거나 우려낸 국물에 당도를 맞출 수 있다.			
	음청류의 종류에 따라 냉, 온으로 보관할 수 있다.			
음청류 담아 완성하기	음청류의 그릇을 선택할 수 있다.			
	그릇에 준비한 재료와 국물을 비율에 맞게 담을 수 있다.			
	음청류에 따라 고명을 사용할 수 있다.			

학습자 완성품 사진

일일 개인위생 점검표(입실준비)

점검일 :   년   월   일   이름:

점검 항목	착용 및 실시 여부	점검결과		
		양호	보통	미흡
조리모				
두발의 형태에 따른 손질(머리망 등)				
조리복 상의				
조리복 바지				
앞치마				
스카프				
안전화				
손톱의 길이 및 매니큐어 여부				
반지, 시계, 팔찌 등				
짙은 화장				
향수				
손 씻기				
상처유무 및 적절한 조치				
흰색 행주 지참				
사이드 타월				
개인용 조리도구				

일일 위생 점검표(퇴실준비)

점검일 :   년   월   일   이름

점검 항목	실시 여부	점검결과		
		양호	보통	미흡
그릇, 기물 세척 및 정리정돈				
기계, 도구, 장비 세척 및 정리정돈				
작업대 청소 및 물기 제거				
가스레인지 또는 인덕션 청소				
양념통 정리				
남은 재료 정리정돈				
음식 쓰레기 처리				
개수대 청소				
수도 주변 및 세제 관리				
바닥 청소				
청소도구 정리정돈				
전기 및 Gas 체크				

안동식혜

재료

- 찹쌀 3컵
- 엿기름 3컵
- 고운 고춧가루 1컵
- 무 1/2개
- 물 30컵
- 밤 1컵
- 생강 3쪽
- 잣 3큰술

재료 계량하기
❶ 배합표에 따라 재료를 정확하게 계량한다.

재료 · 도구 준비하기
❷ 안동식혜에 맞추어 재료와 도구를 준비한다.
   (1) 찹쌀, 엿기름, 고춧가루, 무, 물, 밤, 생강, 잣 등의 재료를 준비한다.
   (2) 안동식혜를 만들 때 필요한 냄비, 면포, 체, 도마, 칼 등을 준비한다.

재료 전처리하기
❸ 찹쌀은 깨끗이 씻어 충분히 물에 불린다.
❹ 연기름은 찬물에 담가 불린 뒤 주물러 체에 밭쳐 건지는 꼭 짜서 버리고 국물은 가라앉힌다.
❺ 무는 4cm 길이로 곱게 채 썬다.
❻ 밤, 생강은 껍질을 벗기고 곱게 채 썬다.

조리하기
❼ 찹쌀은 고두밥이 되도록 찐다.
❽ 무채를 고춧가루로 버무린다. 엿기름 웃물은 천천히 따라 그릇에 담고 고두밥, 밥채, 생강채를 섞어 단지에 담은 뒤 뚜껑을 덮어 따뜻한 곳에 두어 발효시킨다.

담아 완성하기
❾ 안동식혜 담을 그릇을 선택하여 안동식혜를 담고 잣을 고명으로 띄운다.

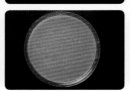

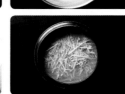

학습내용	평가항목	성취수준		
		상	중	하
음청류 재료 준비하기	조리에 사용하는 재료를 필요량에 맞게 계량할 수 있다.			
	음청류의 종류에 맞추어 재료를 준비할 수 있다.			
	재료에 따라 요구되는 전처리를 수행할 수 있다.			
음청류 조리하기	음청류의 주재료와 부재료를 배합할 수 있다.			
	음청류의 종류에 따라 끓이거나 우려낼 수 있다.			
	음청류에 띄울 과일, 꽃, 보리, 떡수단, 원소병 재료 등을 조리법대로 준비할 수 있다.			
	끓이거나 우려낸 국물에 당도를 맞출 수 있다.			
	음청류의 종류에 따라 냉, 온으로 보관할 수 있다.			
음청류 담아 완성하기	음청류의 그릇을 선택할 수 있다.			
	그릇에 준비한 재료와 국물을 비율에 맞게 담을 수 있다.			
	음청류에 따라 고명을 사용할 수 있다.			

학습자 완성품 사진

일일 개인위생 점검표(입실준비)

점검일 :　 년　 월　 일　　　　 이름:

점검 항목	착용 및 실시 여부	점검결과		
		양호	보통	미흡
조리모				
두발의 형태에 따른 손질(머리망 등)				
조리복 상의				
조리복 바지				
앞치마				
스카프				
안전화				
손톱의 길이 및 매니큐어 여부				
반지, 시계, 팔찌 등				
짙은 화장				
향수				
손 씻기				
상처유무 및 적절한 조치				
흰색 행주 지참				
사이드 타월				
개인용 조리도구				

일일 위생 점검표(퇴실준비)

점검일 :　 년　 월　 일　　　　 이름

점검 항목	실시 여부	점검결과		
		양호	보통	미흡
그릇, 기물 세척 및 정리정돈				
기계, 도구, 장비 세척 및 정리정돈				
작업대 청소 및 물기 제거				
가스레인지 또는 인덕션 청소				
양념통 정리				
남은 재료 정리정돈				
음식 쓰레기 처리				
개수대 청소				
수도 주변 및 세제 관리				
바닥 청소				
청소도구 정리정돈				
전기 및 Gas 체크				

녹차

재료

- 녹차잎 3g
- 물 1컵

재료 계량하기
❶ 배합표에 따라 재료를 정확하게 계량한다.

재료 · 도구 준비하기
❷ 차 종류에 맞추어 재료와 도구를 준비한다.
   (1) 녹차, 물을 준비한다.
   (2) 차를 끓일 때 필요한 찻잔, 찻잔받침, 차수저, 찻주전자, 다관, 식
      힘대접 등을 준비한다.

재료 전처리하기
❸ 물은 넉넉하게 100℃ 이상 충분히 끓여서 식힌 후 식힘대접에 마실
   인원의 분량만큼만 부어서 70℃ 정도로 식힌다.

조리하기
❹ 찻주전자와 찻잔에 끓는 물을 부어서 예열한다.
❺ 예열된 찻주전자에 찻잎을 넣고 식힌 더운물을 붓고 뚜껑을 덮어
   2~3분간 가만히 둔다.

담아 완성하기
❻ 차가 알맞게 우러나면 개인용 다관을 나란히 놓고 2~3번에 나누어
   서 차를 번갈아 부어 따른다.

학습내용	평가항목	성취수준		
		상	중	하
음청류 재료 준비하기	조리에 사용하는 재료를 필요량에 맞게 계량할 수 있다.			
	음청류의 종류에 맞추어 재료를 준비할 수 있다.			
	재료에 따라 요구되는 전처리를 수행할 수 있다.			
음청류 조리하기	음청류의 주재료와 부재료를 배합할 수 있다.			
	음청류의 종류에 따라 끓이거나 우려낼 수 있다.			
	음청류에 띄울 과일, 꽃, 보리, 떡수단, 원소병 재료 등을 조리법대로 준비할 수 있다.			
	끓이거나 우려낸 국물에 당도를 맞출 수 있다.			
	음청류의 종류에 따라 냉, 온으로 보관할 수 있다.			
음청류 담아 완성하기	음청류의 그릇을 선택할 수 있다.			
	그릇에 준비한 재료와 국물을 비율에 맞게 담을 수 있다.			
	음청류에 따라 고명을 사용할 수 있다.			

학습자 완성품 사진

일일 개인위생 점검표(입실준비)

점검일 :　년　월　일　　　　　이름:

점검 항목	착용 및 실시 여부	점검결과		
		양호	보통	미흡
조리모				
두발의 형태에 따른 손질(머리망 등)				
조리복 상의				
조리복 바지				
앞치마				
스카프				
안전화				
손톱의 길이 및 매니큐어 여부				
반지, 시계, 팔찌 등				
짙은 화장				
향수				
손 씻기				
상처유무 및 적절한 조치				
흰색 행주 지참				
사이드 타월				
개인용 조리도구				

일일 위생 점검표(퇴실준비)

점검일 :　년　월　일　　　　　이름

점검 항목	실시 여부	점검결과		
		양호	보통	미흡
그릇, 기물 세척 및 정리정돈				
기계, 도구, 장비 세척 및 정리정돈				
작업대 청소 및 물기 제거				
가스레인지 또는 인덕션 청소				
양념통 정리				
남은 재료 정리정돈				
음식 쓰레기 처리				
개수대 청소				
수도 주변 및 세제 관리				
바닥 청소				
청소도구 정리정돈				
전기 및 Gas 체크				

현미차

재료

- 현미 1/2컵
- 물 5컵

재료 계량하기
❶ 배합표에 따라 재료를 정확하게 계량한다.

재료 · 도구 준비하기
❷ 현미차 종류에 맞추어 재료와 도구를 준비한다.
  (1) 현미, 물을 준비한다.
  (2) 차를 끓일 때 필요한 찻잔, 찻잔받침, 차수저, 찻주전자, 프라이팬, 주걱 등을 준비한다.

조리하기
❸ 현미는 기름기 없는 프라이팬에 진한 갈색이 날 때까지 볶는다.
❹ 물만 먼저 끓인 뒤 불을 끄고 볶은 현미를 넣어 우러나도록 둔다.

담아 완성하기
❺ 현미차 담을 그릇을 선택하여 차를 담는다.

학습내용	평가항목	성취수준		
		상	중	하
음청류 재료 준비하기	조리에 사용하는 재료를 필요량에 맞게 계량할 수 있다.			
	음청류의 종류에 맞추어 재료를 준비할 수 있다.			
	재료에 따라 요구되는 전처리를 수행할 수 있다.			
음청류 조리하기	음청류의 주재료와 부재료를 배합할 수 있다.			
	음청류의 종류에 따라 끓이거나 우려낼 수 있다.			
	음청류에 띄울 과일, 꽃, 보리, 떡수단, 원소병 재료 등을 조리법대로 준비할 수 있다.			
	끓이거나 우려낸 국물에 당도를 맞출 수 있다.			
	음청류의 종류에 따라 냉, 온으로 보관할 수 있다.			
음청류 담아 완성하기	음청류의 그릇을 선택할 수 있다.			
	그릇에 준비한 재료와 국물을 비율에 맞게 담을 수 있다.			
	음청류에 따라 고명을 사용할 수 있다.			

학습자 완성품 사진

일일 개인위생 점검표(입실준비)

점검일 : 년 월 일   이름:

점검 항목	착용 및 실시 여부	점검결과		
		양호	보통	미흡
조리모				
두발의 형태에 따른 손질(머리망 등)				
조리복 상의				
조리복 바지				
앞치마				
스카프				
안전화				
손톱의 길이 및 매니큐어 여부				
반지, 시계, 팔찌 등				
짙은 화장				
향수				
손 씻기				
상처유무 및 적절한 조치				
흰색 행주 지참				
사이드 타월				
개인용 조리도구				

일일 위생 점검표(퇴실준비)

점검일 : 년 월 일   이름

점검 항목	실시 여부	점검결과		
		양호	보통	미흡
그릇, 기물 세척 및 정리정돈				
기계, 도구, 장비 세척 및 정리정돈				
작업대 청소 및 물기 제거				
가스레인지 또는 인덕션 청소				
양념통 정리				
남은 재료 정리정돈				
음식 쓰레기 처리				
개수대 청소				
수도 주변 및 세제 관리				
바닥 청소				
청소도구 정리정돈				
전기 및 Gas 체크				

국화차

재료

- 마른 감국 15송이
- 물 3컵

재료 계량하기
❶ 배합표에 따라 재료를 정확하게 계량한다.

재료 · 도구 준비하기
❷ 차 종류에 맞추어 재료와 도구를 준비한다.
  (1) 마른 감국, 물을 준비한다.
  (2) 차를 끓일 때 필요한 찻잔, 찻잔받침, 다관, 식힘대접 등을 준비한다.

재료 전처리하기
❸ 다관에 따뜻한 물을 담아둔다.

조리하기
❹ 다관에 물을 따라내고 마른 감국과 끓여서 80℃ 정도로 식힌 물을 넣고 3분 정도 우린다.

담아 완성하기
❺ 국화차를 담아 완성한다.

학습내용	평가항목	성취수준		
		상	중	하
음청류 재료 준비하기	조리에 사용하는 재료를 필요량에 맞게 계량할 수 있다.			
	음청류의 종류에 맞추어 재료를 준비할 수 있다.			
	재료에 따라 요구되는 전처리를 수행할 수 있다.			
음청류 조리하기	음청류의 주재료와 부재료를 배합할 수 있다.			
	음청류의 종류에 따라 끓이거나 우려낼 수 있다.			
	음청류에 띄울 과일, 꽃, 보리, 떡수단, 원소병 재료 등을 조리법대로 준비할 수 있다.			
	끓이거나 우려낸 국물에 당도를 맞출 수 있다.			
	음청류의 종류에 따라 냉, 온으로 보관할 수 있다.			
음청류 담아 완성하기	음청류의 그릇을 선택할 수 있다.			
	그릇에 준비한 재료와 국물을 비율에 맞게 담을 수 있다.			
	음청류에 따라 고명을 사용할 수 있다.			

학습자 완성품 사진

일일 개인위생 점검표(입실준비)

점검일 : 　년　　월　　일　　　　　이름:

점검 항목	착용 및 실시 여부	점검결과		
		양호	보통	미흡
조리모				
두발의 형태에 따른 손질(머리망 등)				
조리복 상의				
조리복 바지				
앞치마				
스카프				
안전화				
손톱의 길이 및 매니큐어 여부				
반지, 시계, 팔찌 등				
짙은 화장				
향수				
손 씻기				
상처유무 및 적절한 조치				
흰색 행주 지참				
사이드 타월				
개인용 조리도구				

일일 위생 점검표(퇴실준비)

점검일 : 　년　　월　　일　　　　　이름

점검 항목	실시 여부	점검결과		
		양호	보통	미흡
그릇, 기물 세척 및 정리정돈				
기계, 도구, 장비 세척 및 정리정돈				
작업대 청소 및 물기 제거				
가스레인지 또는 인덕션 청소				
양념통 정리				
남은 재료 정리정돈				
음식 쓰레기 처리				
개수대 청소				
수도 주변 및 세제 관리				
바닥 청소				
청소도구 정리정돈				
전기 및 Gas 체크				

모과차

재료

- 건모과 30g
- 대추 1개
- 잣 5개
- 꿀 1큰술
- 설탕 1큰술

재료 계량하기
❶ 배합표에 따라 재료를 정확하게 계량한다.

재료 · 도구 준비하기
❷ 차 종류에 맞추어 재료와 도구를 준비한다.
　(1) 모과, 꿀, 대추채, 잣 등의 재료를 준비한다.
　(2) 모과차를 만들 때 필요한 냄비, 잔 등을 준비한다.

재료 전처리하기
❸ 건모과는 흐르는 물에 빠르게 씻는다.
❹ 대추는 돌려깎아 채로 썬다.

조리하기
❺ 건모과에 물을 넣고 중불에서 끓여 모과 맛이 우러나도록 한다.
❻ 기호에 따라 꿀이나 설탕을 적당히 넣는다.

담아 완성하기
❼ 모과차 담을 그릇을 선택하여 담는다. 잣, 대추채를 고명으로 한다.

학습내용	평가항목	성취수준		
		상	중	하
음청류 재료 준비하기	조리에 사용하는 재료를 필요량에 맞게 계량할 수 있다.			
	음청류의 종류에 맞추어 재료를 준비할 수 있다.			
	재료에 따라 요구되는 전처리를 수행할 수 있다.			
음청류 조리하기	음청류의 주재료와 부재료를 배합할 수 있다.			
	음청류의 종류에 따라 끓이거나 우려낼 수 있다.			
	음청류에 띄울 과일, 꽃, 보리, 떡수단, 원소병 재료 등을 조리법대로 준비할 수 있다.			
	끓이거나 우려낸 국물에 당도를 맞출 수 있다.			
	음청류의 종류에 따라 냉, 온으로 보관할 수 있다.			
음청류 담아 완성하기	음청류의 그릇을 선택할 수 있다.			
	그릇에 준비한 재료와 국물을 비율에 맞게 담을 수 있다.			
	음청류에 따라 고명을 사용할 수 있다.			

학습자 완성품 사진

일일 개인위생 점검표(입실준비)

점검일 : 　년　월　일　　　　이름:

점검 항목	착용 및 실시 여부	점검결과		
		양호	보통	미흡
조리모				
두발의 형태에 따른 손질(머리망 등)				
조리복 상의				
조리복 바지				
앞치마				
스카프				
안전화				
손톱의 길이 및 매니큐어 여부				
반지, 시계, 팔찌 등				
짙은 화장				
향수				
손 씻기				
상처유무 및 적절한 조치				
흰색 행주 지참				
사이드 타월				
개인용 조리도구				

일일 위생 점검표(퇴실준비)

점검일 : 　년　월　일　　　　이름

점검 항목	실시 여부	점검결과		
		양호	보통	미흡
그릇, 기물 세척 및 정리정돈				
기계, 도구, 장비 세척 및 정리정돈				
작업대 청소 및 물기 제거				
가스레인지 또는 인덕션 청소				
양념통 정리				
남은 재료 정리정돈				
음식 쓰레기 처리				
개수대 청소				
수도 주변 및 세제 관리				
바닥 청소				
청소도구 정리정돈				
전기 및 Gas 체크				

오과차

재료

- 대추 15개
- 황률 15개
- 건모과 20g
- 진피(말린 귤껍질) 10g
- 은행 15개
- 꿀 적량
- 잣 1작은술
- 물 3L

재료 계량하기
❶ 배합표에 따라 재료를 정확하게 계량한다.

재료 · 도구 준비하기
❷ 차 종류에 맞추어 재료와 도구를 준비한다.
  (1) 대추, 황률, 건모과, 귤껍질, 은행, 꿀, 잣, 물 등의 재료를 준비한다.
  (2) 오과차를 만들 때 필요한 주전자, 차관, 찻잔 등을 준비한다.

재료 전처리하기
❸ 재료를 깨끗이 씻어 준비한다.

조리하기
❹ 주전자에 오과를 담고 물을 부어 끓어오르면 불을 줄여 중불에서 반이 되도록 서서히 달인다.
❺ 차에 꿀은 기호에 따라 넣어 섞는다.

담아 완성하기
❻ 오과차 담을 그릇을 선택하여 찻잔에 따뜻한 오과차를 담고 잣을 띄운다.

학습내용	평가항목	성취수준		
		상	중	하
음청류 재료 준비하기	조리에 사용하는 재료를 필요량에 맞게 계량할 수 있다.			
	음청류의 종류에 맞추어 재료를 준비할 수 있다.			
	재료에 따라 요구되는 전처리를 수행할 수 있다.			
음청류 조리하기	음청류의 주재료와 부재료를 배합할 수 있다.			
	음청류의 종류에 따라 끓이거나 우려낼 수 있다.			
	음청류에 띄울 과일, 꽃, 보리, 떡수단, 원소병 재료 등을 조리법대로 준비할 수 있다.			
	끓이거나 우려낸 국물에 당도를 맞출 수 있다.			
	음청류의 종류에 따라 냉, 온으로 보관할 수 있다.			
음청류 담아 완성하기	음청류의 그릇을 선택할 수 있다.			
	그릇에 준비한 재료와 국물을 비율에 맞게 담을 수 있다.			
	음청류에 따라 고명을 사용할 수 있다.			

학습자 완성품 사진

일일 개인위생 점검표(입실준비)

점검일 : 　 년 　 월 　 일 　 　 　 이름:

점검 항목	착용 및 실시 여부	점검결과		
		양호	보통	미흡
조리모				
두발의 형태에 따른 손질(머리망 등)				
조리복 상의				
조리복 바지				
앞치마				
스카프				
안전화				
손톱의 길이 및 매니큐어 여부				
반지, 시계, 팔찌 등				
짙은 화장				
향수				
손 씻기				
상처유무 및 적절한 조치				
흰색 행주 지참				
사이드 타월				
개인용 조리도구				

일일 위생 점검표(퇴실준비)

점검일 : 　 년 　 월 　 일 　 　 　 이름

점검 항목	실시 여부	점검결과		
		양호	보통	미흡
그릇, 기물 세척 및 정리정돈				
기계, 도구, 장비 세척 및 정리정돈				
작업대 청소 및 물기 제거				
가스레인지 또는 인덕션 청소				
양념통 정리				
남은 재료 정리정돈				
음식 쓰레기 처리				
개수대 청소				
수도 주변 및 세제 관리				
바닥 청소				
청소도구 정리정돈				
전기 및 Gas 체크				

대추생강차

재료

- 대추 100g
- 생강 50g
- 물 5컵
- 꿀 적량
- 대추꽃 적량

재료 계량하기
❶ 배합표에 따라 재료를 정확하게 계량한다.

재료 · 도구 준비하기
❷ 차 종류에 맞추어 재료와 도구를 준비한다.
  (1) 대추, 생강, 꿀, 물을 준비한다.
  (2) 차를 끓일 때 필요한 찻잔, 찻잔받침, (유리)냄비, 작은 볼, 고운체 등을 준비한다.

재료 전처리하기
❸ 대추는 깨끗이 씻어서 마른 행주로 물기를 닦는다.
❹ 생강은 껍질을 벗겨 얇게 썬다.
❺ 대추는 살만 발라내어 말아서 잘라 대추 꽃을 만든다.

조리하기
❻ 냄비에 대추와 생강을 넣고 물을 부어 약 30~40분 정도 끓인다.
❼ 대추의 맛이 충분히 우러나면 조물조물 주물러 고운체에 거르고 다시 한번 끓인다.

담아 완성하기
❽ 대추차 담을 그릇을 선택하여 대추차를 잔에 담고 대추 꽃을 띄운다. 기호에 따라 꿀을 탄다.

학습내용	평가항목	성취수준		
		상	중	하
음청류 재료 준비하기	조리에 사용하는 재료를 필요량에 맞게 계량할 수 있다.			
	음청류의 종류에 맞추어 재료를 준비할 수 있다.			
	재료에 따라 요구되는 전처리를 수행할 수 있다.			
음청류 조리하기	음청류의 주재료와 부재료를 배합할 수 있다.			
	음청류의 종류에 따라 끓이거나 우려낼 수 있다.			
	음청류에 띄울 과일, 꽃, 보리, 떡수단, 원소병 재료 등을 조리법대로 준비할 수 있다.			
	끓이거나 우려낸 국물에 당도를 맞출 수 있다.			
	음청류의 종류에 따라 냉, 온으로 보관할 수 있다.			
음청류 담아 완성하기	음청류의 그릇을 선택할 수 있다.			
	그릇에 준비한 재료와 국물을 비율에 맞게 담을 수 있다.			
	음청류에 따라 고명을 사용할 수 있다.			

학습자 완성품 사진

일일 개인위생 점검표(입실준비)

점검일 : 년 월 일   이름:

점검 항목	착용 및 실시 여부	점검결과		
		양호	보통	미흡
조리모				
두발의 형태에 따른 손질(머리망 등)				
조리복 상의				
조리복 바지				
앞치마				
스카프				
안전화				
손톱의 길이 및 매니큐어 여부				
반지, 시계, 팔찌 등				
짙은 화장				
향수				
손 씻기				
상처유무 및 적절한 조치				
흰색 행주 지참				
사이드 타월				
개인용 조리도구				

일일 위생 점검표(퇴실준비)

점검일 : 년 월 일   이름

점검 항목	실시 여부	점검결과		
		양호	보통	미흡
그릇, 기물 세척 및 정리정돈				
기계, 도구, 장비 세척 및 정리정돈				
작업대 청소 및 물기 제거				
가스레인지 또는 인덕션 청소				
양념통 정리				
남은 재료 정리정돈				
음식 쓰레기 처리				
개수대 청소				
수도 주변 및 세제 관리				
바닥 청소				
청소도구 정리정돈				
전기 및 Gas 체크				

인삼차

재료

- 수삼 3뿌리
- 대추 5개
- 꿀 기호대로
- 물 5컵

재료 계량하기

❶ 배합표에 따라 재료를 정확하게 계량한다.

재료 · 도구 준비하기

❷ 차 종류에 맞추어 재료와 도구를 준비한다.
 (1) 수삼, 대추, 꿀, 물을 준비한다.
 (2) 만들 때 필요한 냄비, 믹싱볼, 대접, 공기, 작은 볼, 접시, 도마, 칼, 체, 면포 등을 준비한다.

재료 전처리하기

❸ 수삼은 물에 씻은 다음 솔로 흙을 털어낸다. 뿌리의 지저분한 부분을 자르고 머리 부분을 잘라 칼등으로 껍질을 벗긴다.
❹ 대추는 젖은 면포로 닦는다.

조리하기

❺ 유리주전자나 약탕관에 수삼과 대추를 넣고 물을 가득 부어 한소끔 끓을 때까지 센 불에서 끓이다가 약한 불에서 2시간 정도 달인다.
❻ 수삼이 진하게 우러나면 걸러낸다. 기호에 따라 꿀을 가미한다.

담아 완성하기

❼ 인삼차 담을 그릇을 선택하여 담는다.

학습내용	평가항목	성취수준		
		상	중	하
음청류 재료 준비하기	조리에 사용하는 재료를 필요량에 맞게 계량할 수 있다.			
	음청류의 종류에 맞추어 재료를 준비할 수 있다.			
	재료에 따라 요구되는 전처리를 수행할 수 있다.			
음청류 조리하기	음청류의 주재료와 부재료를 배합할 수 있다.			
	음청류의 종류에 따라 끓이거나 우려낼 수 있다.			
	음청류에 띄울 과일, 꽃, 보리, 떡수단, 원소병 재료 등을 조리법대로 준비할 수 있다.			
	끓이거나 우려낸 국물에 당도를 맞출 수 있다.			
	음청류의 종류에 따라 냉, 온으로 보관할 수 있다.			
음청류 담아 완성하기	음청류의 그릇을 선택할 수 있다.			
	그릇에 준비한 재료와 국물을 비율에 맞게 담을 수 있다.			
	음청류에 따라 고명을 사용할 수 있다.			

학습자 완성품 사진

일일 개인위생 점검표(입실준비)

점검일 : 년 월 일   이름:

점검 항목	착용 및 실시 여부	점검결과		
		양호	보통	미흡
조리모				
두발의 형태에 따른 손질(머리망 등)				
조리복 상의				
조리복 바지				
앞치마				
스카프				
안전화				
손톱의 길이 및 매니큐어 여부				
반지, 시계, 팔찌 등				
짙은 화장				
향수				
손 씻기				
상처유무 및 적절한 조치				
흰색 행주 지참				
사이드 타월				
개인용 조리도구				

일일 위생 점검표(퇴실준비)

점검일 : 년 월 일   이름

점검 항목	실시 여부	점검결과		
		양호	보통	미흡
그릇, 기물 세척 및 정리정돈				
기계, 도구, 장비 세척 및 정리정돈				
작업대 청소 및 물기 제거				
가스레인지 또는 인덕션 청소				
양념통 정리				
남은 재료 정리정돈				
음식 쓰레기 처리				
개수대 청소				
수도 주변 및 세제 관리				
바닥 청소				
청소도구 정리정돈				
전기 및 Gas 체크				

포도차

재료

- 포도 300g
- 배 1/4개
- 생강 5g
- 물 5컵

재료 계량하기
❶ 배합표에 따라 재료를 정확하게 계량한다.

재료 · 도구 준비하기
❷ 차 종류에 맞추어 재료와 도구를 준비한다.
   (1) 포도, 배, 생강, 물을 준비한다.
   (2) 만들 때 필요한 냄비, 믹싱볼, 대접, 공기, 작은 볼, 접시, 도마, 칼,
       체, 면포 등을 준비한다.

재료 전처리하기
❸ 포도는 알알이 떼어 깨끗이 씻는다.
❹ 생강은 껍질을 벗겨 얇게 편으로 썬다.
❺ 배는 껍질을 벗겨 두껍게 편으로 썬다.

조리하기
❻ 두꺼운 솥에 포도, 배, 생강, 물을 넣고 포도와 과육이 푹 무르도록
   20분 정도 끓여 면포에 거른다.
❼ 차게 식혔다가 기호에 따라 꿀이나 설탕을 타서 마신다.

담아 완성하기
❽ 포도차 담을 그릇을 선택하여 담는다.

학습내용	평가항목	성취수준		
		상	중	하
음청류 재료 준비하기	조리에 사용하는 재료를 필요량에 맞게 계량할 수 있다.			
	음청류의 종류에 맞추어 재료를 준비할 수 있다.			
	재료에 따라 요구되는 전처리를 수행할 수 있다.			
음청류 조리하기	음청류의 주재료와 부재료를 배합할 수 있다.			
	음청류의 종류에 따라 끓이거나 우려낼 수 있다.			
	음청류에 띄울 과일, 꽃, 보리, 떡수단, 원소병 재료 등을 조리법대로 준비할 수 있다.			
	끓이거나 우려낸 국물에 당도를 맞출 수 있다.			
	음청류의 종류에 따라 냉, 온으로 보관할 수 있다.			
음청류 담아 완성하기	음청류의 그릇을 선택할 수 있다.			
	그릇에 준비한 재료와 국물을 비율에 맞게 담을 수 있다.			
	음청류에 따라 고명을 사용할 수 있다.			

학습자 완성품 사진

일일 개인위생 점검표(입실준비)

점검일 :   년   월   일   이름:

점검 항목	착용 및 실시 여부	점검결과		
		양호	보통	미흡
조리모				
두발의 형태에 따른 손질(머리망 등)				
조리복 상의				
조리복 바지				
앞치마				
스카프				
안전화				
손톱의 길이 및 매니큐어 여부				
반지, 시계, 팔찌 등				
짙은 화장				
향수				
손 씻기				
상처유무 및 적절한 조치				
흰색 행주 지참				
사이드 타월				
개인용 조리도구				

일일 위생 점검표(퇴실준비)

점검일 :   년   월   일   이름

점검 항목	실시 여부	점검결과		
		양호	보통	미흡
그릇, 기물 세척 및 정리정돈				
기계, 도구, 장비 세척 및 정리정돈				
작업대 청소 및 물기 제거				
가스레인지 또는 인덕션 청소				
양념통 정리				
남은 재료 정리정돈				
음식 쓰레기 처리				
개수대 청소				
수도 주변 및 세제 관리				
바닥 청소				
청소도구 정리정돈				
전기 및 Gas 체크				

계지차

재료

- 계지 30g
- 물 5컵
- 잣 1작은술
- 꿀 또는 설탕 적당량

재료 계량하기
❶ 배합표에 따라 재료를 정확하게 계량한다.

재료 · 도구 준비하기
❷ 차 종류에 맞추어 재료와 도구를 준비한다.
  (1) 계지, 잣, 꿀 또는 설탕, 물을 준비한다.
  (2) 만들 때 필요한 냄비, 믹싱볼, 대접, 공기, 작은 볼, 접시, 도마, 칼, 체, 면포 등을 준비한다.

재료 전처리하기
❸ 계지는 2~3cm로 짧게 자른다.
❹ 자른 계지를 찬물에 재빨리 씻어서 건진다.

조리하기
❺ 주전자에 물과 계지를 함께 넣고 불에 올려 끓여 약한 불로 20분 정도 서서히 끓인다.

담아 완성하기
❻ 계지차 담을 그릇을 선택하여 담고 잣을 띄운다.

学습평가

학습평가

학습내용	평가항목	성취수준		
		상	중	하
음청류 재료 준비하기	조리에 사용하는 재료를 필요량에 맞게 계량할 수 있다.			
	음청류의 종류에 맞추어 재료를 준비할 수 있다.			
	재료에 따라 요구되는 전처리를 수행할 수 있다.			
음청류 조리하기	음청류의 주재료와 부재료를 배합할 수 있다.			
	음청류의 종류에 따라 끓이거나 우려낼 수 있다.			
	음청류에 띄울 과일, 꽃, 보리, 떡수단, 원소병 재료 등을 조리법대로 준비할 수 있다.			
	끓이거나 우려낸 국물에 당도를 맞출 수 있다.			
	음청류의 종류에 따라 냉, 온으로 보관할 수 있다.			
음청류 담아 완성하기	음청류의 그릇을 선택할 수 있다.			
	그릇에 준비한 재료와 국물을 비율에 맞게 담을 수 있다.			
	음청류에 따라 고명을 사용할 수 있다.			

학습자 완성품 사진

일일 개인위생 점검표(입실준비)

점검일 :　년　월　일　　　이름:

점검 항목	착용 및 실시 여부	점검결과		
		양호	보통	미흡
조리모				
두발의 형태에 따른 손질(머리망 등)				
조리복 상의				
조리복 바지				
앞치마				
스카프				
안전화				
손톱의 길이 및 매니큐어 여부				
반지, 시계, 팔찌 등				
짙은 화장				
향수				
손 씻기				
상처유무 및 적절한 조치				
흰색 행주 지참				
사이드 타월				
개인용 조리도구				

일일 위생 점검표(퇴실준비)

점검일 :　년　월　일　　　이름

점검 항목	실시 여부	점검결과		
		양호	보통	미흡
그릇, 기물 세척 및 정리정돈				
기계, 도구, 장비 세척 및 정리정돈				
작업대 청소 및 물기 제거				
가스레인지 또는 인덕션 청소				
양념통 정리				
남은 재료 정리정돈				
음식 쓰레기 처리				
개수대 청소				
수도 주변 및 세제 관리				
바닥 청소				
청소도구 정리정돈				
전기 및 Gas 체크				

여지장

재료

- 계피 60g
- 정향 3개
- 오약 100g
- 사인 60g
- 생강 60g
- 꿀 10큰술
- 물 20컵

재료 계량하기
❶ 배합표에 따라 재료를 정확하게 계량한다.

재료 · 도구 준비하기
❷ 여지장 종류에 맞추어 재료와 도구를 준비한다.
　(1) 계피, 정향, 오약, 사인, 생강, 꿀, 물 등의 재료를 준비한다.
　(2) 여지장 만들 때 필요한 항아리, 믹싱볼, 작은 볼, 접시, 도마, 칼, 고운체, 수저 등을 준비한다.

재료 전처리하기
❸ 계피와 정향, 오약은 깨끗이 씻어 준비한다.
❹ 사인은 으깬다.
❺ 껍질 깐 생강은 강판에 갈아 면포에 걸러 생강즙을 낸다.

조리하기
❻ 계피, 정향, 오약, 사인을 모두 물에 함께 넣고 약한 불에서 1시간 정도 달인다.
❼ 푹 달인 액을 면포에 거른다.
❽ 생강즙과 꿀을 찻주전자에 넣어 맛이 우러나도록 한다.

담아 완성하기
❾ 여지장 담을 그릇을 선택하여 담는다.

학습내용	평가항목	성취수준		
		상	중	하
음청류 재료 준비하기	조리에 사용하는 재료를 필요량에 맞게 계량할 수 있다.			
	음청류의 종류에 맞추어 재료를 준비할 수 있다.			
	재료에 따라 요구되는 전처리를 수행할 수 있다.			
음청류 조리하기	음청류의 주재료와 부재료를 배합할 수 있다.			
	음청류의 종류에 따라 끓이거나 우려낼 수 있다.			
	음청류에 띄울 과일, 꽃, 보리, 떡수단, 원소병 재료 등을 조리법대로 준비할 수 있다.			
	끓이거나 우려낸 국물에 당도를 맞출 수 있다.			
	음청류의 종류에 따라 냉, 온으로 보관할 수 있다.			
음청류 담아 완성하기	음청류의 그릇을 선택할 수 있다.			
	그릇에 준비한 재료와 국물을 비율에 맞게 담을 수 있다.			
	음청류에 따라 고명을 사용할 수 있다.			

학습자 완성품 사진

일일 개인위생 점검표(입실준비)

점검일 : 　 년 　 월 　 일 　 　 　 이름:

점검 항목	착용 및 실시 여부	점검결과		
		양호	보통	미흡
조리모				
두발의 형태에 따른 손질(머리망 등)				
조리복 상의				
조리복 바지				
앞치마				
스카프				
안전화				
손톱의 길이 및 매니큐어 여부				
반지, 시계, 팔찌 등				
짙은 화장				
향수				
손 씻기				
상처유무 및 적절한 조치				
흰색 행주 지참				
사이드 타월				
개인용 조리도구				

일일 위생 점검표(퇴실준비)

점검일 : 　 년 　 월 　 일 　 　 　 이름

점검 항목	실시 여부	점검결과		
		양호	보통	미흡
그릇, 기물 세척 및 정리정돈				
기계, 도구, 장비 세척 및 정리정돈				
작업대 청소 및 물기 제거				
가스레인지 또는 인덕션 청소				
양념통 정리				
남은 재료 정리정돈				
음식 쓰레기 처리				
개수대 청소				
수도 주변 및 세제 관리				
바닥 청소				
청소도구 정리정돈				
전기 및 Gas 체크				

제호탕

재료

- 오매육 90g
- 초과 3g
- 축사(사인) 4g
- 백단향 8g
- 꿀 450ml

재료 계량하기
❶ 배합표에 따라 재료를 정확하게 계량한다.

재료 · 도구 준비하기
❷ 탕 종류에 맞추어 재료와 도구를 준비한다.
　(1) 제호탕의 재료인 오매육, 초과, 백단향, 축사인, 물 등의 재료를
　　 준비한다.
　(2) 차를 끓일 때 필요한 약다관 등을 준비한다.

재료 전처리하기
❸ 재료들을 깨끗이 씻어 약다관에 넣고 끓일 준비를 한다.

조리하기
❹ 오매육, 초과, 백단향, 축사는 곱게 가루로 빻는다.
❺ 가루로 빻은 재료와 꿀을 함께 섞는다.
❻ 10시간 정도 중탕으로 되직하게 만든다.
❼ 되직하게 된 제호탕을 식혀서 사기 항아리에 담아 시원한 곳에 보관
　 한다.
❽ 찬물이나 얼음물에 적당량을 타서 시원하게 마신다. 기호에 따라 꿀
　 이나 설탕을 넣어 마신다.

담아 완성하기
❾ 제호탕 담을 그릇을 선택하여 담는다.

학습내용	평가항목	성취수준		
		상	중	하
음청류 재료 준비하기	조리에 사용하는 재료를 필요량에 맞게 계량할 수 있다.			
	음청류의 종류에 맞추어 재료를 준비할 수 있다.			
	재료에 따라 요구되는 전처리를 수행할 수 있다.			
음청류 조리하기	음청류의 주재료와 부재료를 배합할 수 있다.			
	음청류의 종류에 따라 끓이거나 우려낼 수 있다.			
	음청류에 띄울 과일, 꽃, 보리, 떡수단, 원소병 재료 등을 조리법대로 준비할 수 있다.			
	끓이거나 우려낸 국물에 당도를 맞출 수 있다.			
	음청류의 종류에 따라 냉, 온으로 보관할 수 있다.			
음청류 담아 완성하기	음청류의 그릇을 선택할 수 있다.			
	그릇에 준비한 재료와 국물을 비율에 맞게 담을 수 있다.			
	음청류에 따라 고명을 사용할 수 있다.			

학습자 완성품 사진

일일 개인위생 점검표(입실준비)

점검일 :　년　월　일　　　　이름:

점검 항목	착용 및 실시 여부	점검결과		
		양호	보통	미흡
조리모				
두발의 형태에 따른 손질(머리망 등)				
조리복 상의				
조리복 바지				
앞치마				
스카프				
안전화				
손톱의 길이 및 매니큐어 여부				
반지, 시계, 팔찌 등				
짙은 화장				
향수				
손 씻기				
상처유무 및 적절한 조치				
흰색 행주 지참				
사이드 타월				
개인용 조리도구				

일일 위생 점검표(퇴실준비)

점검일 :　년　월　일　　　　이름

점검 항목	실시 여부	점검결과		
		양호	보통	미흡
그릇, 기물 세척 및 정리정돈				
기계, 도구, 장비 세척 및 정리정돈				
작업대 청소 및 물기 제거				
가스레인지 또는 인덕션 청소				
양념통 정리				
남은 재료 정리정돈				
음식 쓰레기 처리				
개수대 청소				
수도 주변 및 세제 관리				
바닥 청소				
청소도구 정리정돈				
전기 및 Gas 체크				

봉수탕

재료

- 잣 40g
- 호두 80g
- 꿀 20g

재료 계량하기
❶ 배합표에 따라 재료를 정확하게 계량한다.

재료 · 도구 준비하기
❷ 탕 종류에 맞추어 재료와 도구를 준비한다.
  (1) 봉수탕의 재료인 잣, 호두, 꿀 등의 재료를 준비한다.
  (2) 찻잔, 차수저 등을 준비한다.

재료 전처리하기
❸ 잣은 고깔을 떼고 마른행주로 깨끗이 닦는다.
❹ 호두는 끓는 물에 잠시 불려 속껍질을 대꼬치 끝으로 벗겨 물기를 없앤다.

조리하기
❺ 손질한 잣과 호두를 가루로 만든다.
❻ 잣과 호두 가루낸 것에 꿀을 합쳐 항아리에 담아둔다.
❼ 물에 봉수탕 2큰술을 넣고 잘 섞는다.

담아 완성하기
❽ 봉수탕 담을 그릇을 선택하여 담는다.

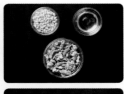
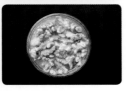

학습내용	평가항목	성취수준		
		상	중	하
음청류 재료 준비하기	조리에 사용하는 재료를 필요량에 맞게 계량할 수 있다.			
	음청류의 종류에 맞추어 재료를 준비할 수 있다.			
	재료에 따라 요구되는 전처리를 수행할 수 있다.			
음청류 조리하기	음청류의 주재료와 부재료를 배합할 수 있다.			
	음청류의 종류에 따라 끓이거나 우려낼 수 있다.			
	음청류에 띄울 과일, 꽃, 보리, 떡수단, 원소병 재료 등을 조리법대로 준비할 수 있다.			
	끓이거나 우려낸 국물에 당도를 맞출 수 있다.			
	음청류의 종류에 따라 냉, 온으로 보관할 수 있다.			
음청류 담아 완성하기	음청류의 그릇을 선택할 수 있다.			
	그릇에 준비한 재료와 국물을 비율에 맞게 담을 수 있다.			
	음청류에 따라 고명을 사용할 수 있다.			

학습자 완성품 사진

일일 개인위생 점검표(입실준비)

점검일 : 년 월 일 이름:

점검 항목	착용 및 실시 여부	점검결과		
		양호	보통	미흡
조리모				
두발의 형태에 따른 손질(머리망 등)				
조리복 상의				
조리복 바지				
앞치마				
스카프				
안전화				
손톱의 길이 및 매니큐어 여부				
반지, 시계, 팔찌 등				
짙은 화장				
향수				
손 씻기				
상처유무 및 적절한 조치				
흰색 행주 지참				
사이드 타월				
개인용 조리도구				

일일 위생 점검표(퇴실준비)

점검일 : 년 월 일 이름

점검 항목	실시 여부	점검결과		
		양호	보통	미흡
그릇, 기물 세척 및 정리정돈				
기계, 도구, 장비 세척 및 정리정돈				
작업대 청소 및 물기 제거				
가스레인지 또는 인덕션 청소				
양념통 정리				
남은 재료 정리정돈				
음식 쓰레기 처리				
개수대 청소				
수도 주변 및 세제 관리				
바닥 청소				
청소도구 정리정돈				
전기 및 Gas 체크				

오미갈수

재료

- 오미자 1/2컵
- 물 3컵
- 녹두 1/3컵
- 물 4컵
- 꿀(설탕) 2/3컵

재료 계량하기

❶ 배합표에 따라 재료를 정확하게 계량한다.

재료 · 도구 준비하기

❷ 갈수 종류에 맞추어 재료와 도구를 준비한다.
   (1) 오미자, 녹두, 물, 꿀 또는 설탕을 준비한다.
   (2) 오미갈수를 만들 때 필요한 냄비, 믹싱볼, 작은 볼, 고운체, 주걱,
      면포 등을 준비한다.

재료 전처리하기

❸ 오미자는 깨끗이 손질하여 끓여서 식힌 물에 하룻밤 정도 담가둔다.
❹ 녹두는 깨끗이 손질하여 씻는다.
❺ 항아리는 깨끗이 소독하여 준비한다.

조리하기

❻ 하루 동안 담가 놓은 오미자를 체에 밭쳐 국물을 준비한다.
❼ 녹두는 불려서 갈아 면포에 걸러 놓는다.
❽ 오미자, 녹두, 꿀을 동량으로 섞어 약한 불에서 은근하게 달인다.
❾ 완성된 오미갈수를 소독된 항아리에 담아 서늘한 곳에 보관해 둔다.
❿ 기호에 맞추어 찬물이나 뜨거운 물에 적당량을 타서 마신다.

담아 완성하기

⓫ 오미갈수 담을 그릇을 선택하여 담는다.

학습내용	평가항목	성취수준		
		상	중	하
음청류 재료 준비하기	조리에 사용하는 재료를 필요량에 맞게 계량할 수 있다.			
	음청류의 종류에 맞추어 재료를 준비할 수 있다.			
	재료에 따라 요구되는 전처리를 수행할 수 있다.			
음청류 조리하기	음청류의 주재료와 부재료를 배합할 수 있다.			
	음청류의 종류에 따라 끓이거나 우려낼 수 있다.			
	음청류에 띄울 과일, 꽃, 보리, 떡수단, 원소병 재료 등을 조리법대로 준비할 수 있다.			
	끓이거나 우려낸 국물에 당도를 맞출 수 있다.			
	음청류의 종류에 따라 냉, 온으로 보관할 수 있다.			
음청류 담아 완성하기	음청류의 그릇을 선택할 수 있다.			
	그릇에 준비한 재료와 국물을 비율에 맞게 담을 수 있다.			
	음청류에 따라 고명을 사용할 수 있다.			

학습자 완성품 사진

일일 개인위생 점검표(입실준비)

점검일 :　　년　　월　　일　　　　　이름:

점검 항목	착용 및 실시 여부	점검결과		
		양호	보통	미흡
조리모				
두발의 형태에 따른 손질(머리망 등)				
조리복 상의				
조리복 바지				
앞치마				
스카프				
안전화				
손톱의 길이 및 매니큐어 여부				
반지, 시계, 팔찌 등				
짙은 화장				
향수				
손 씻기				
상처유무 및 적절한 조치				
흰색 행주 지참				
사이드 타월				
개인용 조라도구				

일일 위생 점검표(퇴실준비)

점검일 :　　년　　월　　일　　　　　이름

점검 항목	실시 여부	점검결과		
		양호	보통	미흡
그릇, 기물 세척 및 정리정돈				
기계, 도구, 장비 세척 및 정리정돈				
작업대 청소 및 물기 제거				
가스레인지 또는 인덕션 청소				
양념통 정리				
남은 재료 정리정돈				
음식 쓰레기 처리				
개수대 청소				
수도 주변 및 세제 관리				
바닥 청소				
청소도구 정리정돈				
전기 및 Gas 체크				

율추숙수

재료

- 생밤 15개
- 물 5컵
- 잣 1작은술

재료 계량하기
❶ 배합표에 따라 재료를 정확하게 계량한다.

재료 · 도구 준비하기
❷ 숙수 종류에 맞추어 재료와 도구를 준비한다.
   (1) 생밤, 물을 준비한다.
   (2) 만들 때 필요한 냄비, 믹싱볼, 대접, 공기, 작은 볼, 접시, 도마, 칼, 체, 면포 등을 준비한다.

재료 전처리하기
❸ 밤은 깨끗이 씻어 속껍질(율추)을 깎아 놓는다.
❹ 속껍질을 깨끗이 씻는다.
❺ 잣은 고깔을 떼어 마른 헝겊으로 닦는다.

조리하기
❻ 밤은 속껍질을 깨끗하게 손질하여 깎아 놓는다.
❼ 냄비에 율추를 넣고 맛이 우러나도록 끓인다.
❽ 끓으면 체에 즙은 거르고 남은 속껍질은 버린다.

담아 완성하기
❾ 율추숙수 담을 그릇을 선택하여 율추숙수를 담고, 손질한 잣을 띄운다.

학습내용	평가항목	성취수준		
		상	중	하
음청류 재료 준비하기	조리에 사용하는 재료를 필요량에 맞게 계량할 수 있다.			
	음청류의 종류에 맞추어 재료를 준비할 수 있다.			
	재료에 따라 요구되는 전처리를 수행할 수 있다.			
음청류 조리하기	음청류의 주재료와 부재료를 배합할 수 있다.			
	음청류의 종류에 따라 끓이거나 우려낼 수 있다.			
	음청류에 띄울 과일, 꽃, 보리, 떡수단, 원소병 재료 등을 조리법대로 준비할 수 있다.			
	끓이거나 우려낸 국물에 당도를 맞출 수 있다.			
	음청류의 종류에 따라 냉, 온으로 보관할 수 있다.			
음청류 담아 완성하기	음청류의 그릇을 선택할 수 있다.			
	그릇에 준비한 재료와 국물을 비율에 맞게 담을 수 있다.			
	음청류에 따라 고명을 사용할 수 있다.			

학습자 완성품 사진

일일 개인위생 점검표(입실준비)

점검 항목	착용 및 실시 여부	점검결과		
		양호	보통	미흡
조리모				
두발의 형태에 따른 손질(머리망 등)				
조리복 상의				
조리복 바지				
앞치마				
스카프				
안전화				
손톱의 길이 및 매니큐어 여부				
반지, 시계, 팔찌 등				
짙은 화장				
향수				
손 씻기				
상처유무 및 적절한 조치				
흰색 행주 지참				
사이드 타월				
개인용 조리도구				

점검일 :   년   월   일   이름:

일일 위생 점검표(퇴실준비)

점검 항목	실시 여부	점검결과		
		양호	보통	미흡
그릇, 기물 세척 및 정리정돈				
기계, 도구, 장비 세척 및 정리정돈				
작업대 청소 및 물기 제거				
가스레인지 또는 인덕션 청소				
양념통 정리				
남은 재료 정리정돈				
음식 쓰레기 처리				
개수대 청소				
수도 주변 및 세제 관리				
바닥 청소				
청소도구 정리정돈				
전기 및 Gas 체크				

점검일 :   년   월   일   이름

배숙

재료

- 생강 25g
- 물 7컵
- 배 1/2개
- 통후추 1/2작은술
- 설탕 1/2컵
- 잣 1/2큰술

재료 계량하기
❶ 배합표에 따라 재료를 정확하게 계량한다.

재료 · 도구 준비하기
❷ 배숙 종류에 맞추어 재료와 도구를 준비한다.
　(1) 배, 생강, 통후추, 설탕, 잣, 물 등의 재료를 준비한다.
　(2) 배숙 만들 때 필요한 냄비, 작은 유리볼, 접시, 수저, 젓가락 등을 준비한다.

재료 전처리하기
❸ 배는 깨끗이 씻어 준비한다.
❹ 생강은 껍질을 벗겨 깨끗이 씻은 후 얇게 편으로 썬다.
❺ 잣은 깨끗이 닦아 고깔을 뗀다.

조리하기
❻ 물 7컵에 생강을 넣어 30~40여 분 정도 은근하게 끓여 체에 거른다.
❼ 배는 6~8등분하여 껍질을 벗긴다. 큰 것은 삼각지게 썰어서 모서리를 다듬는다. 통후추를 세 개씩 박는다.
❽ 생강 끓인 물에 설탕으로 간을 하고 통후추 박은 배를 넣어 끓인다.
❾ 배가 충분히 익으면 차게 식힌다.

담아 완성하기
❿ 배숙 담을 그릇을 선택하여 배숙을 담고 잣을 띄운다.

※ **주어진 재료를 사용하여 다음과 같이 배숙을 만드시오.**

가. 배의 모양과 크기는 일정하게 3쪽 이상을 만들고 등쪽에 통후추를 박으시오.

  (단, 지급된 배의 크기에 따라 완성품을 만든다.)

나. 국물은 생강과 설탕의 맛이 나도록 하고, 양은 200mL 제출하시오.

다. 배가 국물에 떠 있는 농도로 하시오.

1) 배숙의 모양과 크기는 일정하게 만들고 알맞게 익힌다.

2) 조리작품 만드는 순서는 틀리지 않게 하여야 한다.

3) 숙련된 기능으로 맛을 내야 하므로 조리작업 시 음식의 맛을 보지 않는다.

4) 지정된 수험자지참준비물 이외의 조리기구나 재료를 시험장 내에 지참할 수 없다.

5) 지급재료는 시험 전 확인하여 이상이 있을 경우 시험위원으로부터 조치를 받고 시험도중에는 재료의 교환 및 추가지급은 하지 않는다.

6) 다음과 같은 경우에는 채점대상에서 제외한다.

  가) 시험시간 내에 과제 두 가지를 제출하지 못한 경우 : 미완성

  나) 시험시간 내에 제출된 과제라도 다음과 같은 경우

    (1) 문제의 요구사항대로 작품의 수량이 만들어지지 않은 경우 : 미완성

    (2) 해당과제의 지급재료 이외의 재료를 사용한 경우 : 오작

    (3) 구이를 찜으로 조리하는 등과 같이 조리방법을 다르게 한 경우 : 오작

    (4) 불을 사용하여 만든 조리작품이 작품특성에 벗어나는 정도로 타거나 익지 않은 경우 : 실격

    (5) 가스레인지 화구를 2개 이상 사용한 경우 : 실격

    (6) 시험 중 시설 · 장비(칼, 가스레인지 등) 사용 시 감독위원 및 타 수험자의 시험 진행에 위협이 될 것으로 감독위원 전원이 합의하여 판단한 경우 : 실격

7) 항목별 배점은 위생상태 및 안전관리 5점, 조리기술 30점, 작품의 평가 15점이다.

학습내용	평가항목	성취수준		
		상	중	하
음청류 재료 준비하기	조리에 사용하는 재료를 필요량에 맞게 계량할 수 있다.			
	음청류의 종류에 맞추어 재료를 준비할 수 있다.			
	재료에 따라 요구되는 전처리를 수행할 수 있다.			
음청류 조리하기	음청류의 주재료와 부재료를 배합할 수 있다.			
	음청류의 종류에 따라 끓이거나 우려낼 수 있다.			
	음청류에 띄울 과일, 꽃, 보리, 떡수단, 원소병 재료 등을 조리법대로 준비할 수 있다.			
	끓이거나 우려낸 국물에 당도를 맞출 수 있다.			
	음청류의 종류에 따라 냉, 온으로 보관할 수 있다.			
음청류 담아 완성하기	음청류의 그릇을 선택할 수 있다.			
	그릇에 준비한 재료와 국물을 비율에 맞게 담을 수 있다.			
	음청류에 따라 고명을 사용할 수 있다.			

학습자 완성품 사진

일일 개인위생 점검표(입실준비)

점검일 :　년　월　일　　　이름:

점검 항목	착용 및 실시 여부	점검결과		
		양호	보통	미흡
조리모				
두발의 형태에 따른 손질(머리망 등)				
조리복 상의				
조리복 바지				
앞치마				
스카프				
안전화				
손톱의 길이 및 매니큐어 여부				
반지, 시계, 팔찌 등				
짙은 화장				
향수				
손 씻기				
상처유무 및 적절한 조치				
흰색 행주 지참				
사이드 타월				
개인용 조리도구				

일일 위생 점검표(퇴실준비)

점검일 :　년　월　일　　　이름

점검 항목	실시 여부	점검결과		
		양호	보통	미흡
그릇, 기물 세척 및 정리정돈				
기계, 도구, 장비 세척 및 정리정돈				
작업대 청소 및 물기 제거				
가스레인지 또는 인덕션 청소				
양념통 정리				
남은 재료 정리정돈				
음식 쓰레기 처리				
개수대 청소				
수도 주변 및 세제 관리				
바닥 청소				
청소도구 정리정돈				
전기 및 Gas 체크				

memo

■ 저자 소개

한혜영
안동과학대학교 호텔조리과 교수
Lotte Hotel Seoul Chef
Intercontinental Seoul Coex Chef
숙명여자대학교 한국음식연구원 메뉴개발팀장

김경은
숙명여자대학교 한국음식연구원 연구원
세종음식문화연구원 대표
안동과학대학교 호텔조리과 겸임교수
세종대학교 조리외식경영학과 박사과정

김귀순
구미대학교 식품조리계열 교수
한국산업인력공단 감독위원
영남외식경영컨설팅연구소 한식조리수석연구원
식품가공학박사

김옥란
한국관광대학교 외식경영학과 교수
한국조리학회 이사
한국외식경영학회 이사
경기대학교 대학원 외식조리관리학박사

박영미
한양여자대학교 외식산업과 교수
무형문화재 조선왕조궁중음식 이수자
조리외식경영학박사

송경숙
원광보건대학교 외식조리과 교수
글로벌식음료문화연구소장
한국외식경영학회 상임이사
경기대학교 대학원 외식조리관리학박사

이정기
김해대학교 호텔외식조리과 교수
세종대학교 조리외식경영학과 조리학박사
대한민국 조리기능장
한국산업인력공단 조리기능장 심사위원

정외숙
수성대학교 호텔조리과 교수
한국의맛연구회 부회장
한식기능사 조리산업기사 감독위원
이학박사

정주희
수원여자대학교 식품조리과 겸임교수
Best 외식창업교육연구소 소장
경기대학교 대학원 석사
경기대학교 대학원 박사

조태옥
수원여자대학교 식품영양학과 겸임교수
(사)세종전통음식연구소 소장
세종대학교 대학원 외식경영학박사
농진청 신기술심사위원

한식조리 - 음청류

2017년 2월 25일 초판 1쇄 인쇄
2017년 3월 2일 초판 1쇄 발행

지은이 한혜영·김경은·김귀순·김옥란·박영미·송경숙·이정기·정외숙·정주희·조태옥
푸드스타일리스트 이승진
펴낸이 진욱상
펴낸곳 백산출판사
교 정 성인숙
본문디자인 박채린
표지디자인 오정은

저자와의
합의하에
인지첩부
생략

등 록 1974년 1월 9일 제1-72호
주 소 경기도 파주시 회동길 370(백산빌딩 3층)
전 화 02-914-1621(代)
팩 스 031-955-9911
이메일 edit@ibaeksan.kr
홈페이지 www.ibaeksan.kr

ISBN 979-11-5763-276-3
값 11,000원